JavaScript

As soon as you open this book,
you will be an app developer!

高岡佑輔 著

本書内容に関するお問い合わせについて

このたびは翔泳社の書籍をお買い上げいただき、誠にありがとうございます。弊社では、読者の皆様からのお問い合わせに適切に対応させていただくため、以下のガイドラインへのご協力をお願い致しております。下記項目をお読みいただき、手順に従ってお問い合わせください。

●ご質問される前に

弊社Webサイトの「正誤表」をご参照ください。これまでに判明した正誤や追加情報を掲載しています。

正誤表　　　https://www.shoeisha.co.jp/book/errata/

●ご質問方法

弊社Webサイトの「書籍に関するお問い合わせ」をご利用ください。

書籍に関するお問い合わせ　https://www.shoeisha.co.jp/book/qa/

インターネットをご利用でない場合は、FAXまたは郵便にて、下記"翔泳社 愛読者サービスセンター"までお問い合わせください。

電話でのご質問は、お受けしておりません。

●回答について

回答は、ご質問いただいた手段によってご返事申し上げます。ご質問の内容によっては、回答に数日ないしはそれ以上の期間を要する場合があります。

●ご質問に際してのご注意

本書の対象を超えるもの、記述個所を特定されないもの、また読者固有の環境に起因するご質問等にはお答えできませんので、予めご了承ください。

●郵便物送付先およびFAX番号

　送付先住所　　〒160-0006　東京都新宿区舟町5
　FAX番号　　　03-5362-3818
　宛先　　　　　（株）翔泳社 愛読者サービスセンター

※本書の出版にあたっては正確な記述につとめましたが、著者や出版社などのいずれも、本書の内容に対してなんらかの保証をするものではなく、内容やサンプルに基づくいかなる運用結果に関してもいっさいの責任を負いません。

※本書に記載されている会社名、製品名はそれぞれ各社の商標および登録商標です。

はじめに

本書を手に取っていただいた皆さんに2つ質問です。**プログラミングを学んだことはありますか？** そして、**アプリケーションを作ってみたことはありますか？**

1つめの質問にYesと答える人は割といるかもしれません。Noでもまったく構いません。2つめの質問はどうでしょうか。Yesと答えられる人は案外少ないのではないかと思います。過去の私がまさにそうでした。if文、for文、変数、関数……プログラミング言語の基礎文法を一通り学び、「よし、これで何でも作れるぞ！」と全能感に包まれたかと思いきや、いざ作ろうとすると具体的にどうやって作ればよいのか、何を作ればよいのかわからず途方に暮れてしまいました。四則演算・条件分岐・繰り返しのやり方がわかっても、それがゲームなどの世の中にあるアプリケーションとどう結びついているのかがわからなかったのです。

本書は、まったくプログラミングに触れたことのない人はもちろん、かつての私のような「基本文法はだいたいわかったけれど、そこから先がイメージできない」と途方に暮れている人のための本です。プログラミングには知っておいたほうがよいことがたくさんありますが、この本では細かいことはいったん置いておき、**まずはとにかく手を動かしてアプリケーションを作ってみる**ことを重視しています。枝葉のお作法を学ぶのはプログラミングの楽しさを知ってからでも遅くはありません。楽しさを知ってしまえば、勉強は勉強ではなくなります。

本書ではプログラミング言語としてJavaScriptを採用しています。JavaScriptの魅力はなんといっても特別な準備をしなくても開発を始めることができ、プログラムの実行にも細かな準備が必要ではないところです。皆さんがお持ちのPCで今すぐにプログラムのコードを書き始めることができ、作ったアプリケーションを周りに人に触ってもらうのも簡単です。

サンプルアプリケーションには、作って楽しい・触って楽しいアプリケーションを集めました。サンプル通りに作っても楽しめますし、自分なりに改造してみるとさらに楽しめるはずです。この本があなたにとってプログラミングの楽しさを知るきっかけになれば幸いです。

高岡佑輔

■ 本書の読み方

◎コード

赤字のコードが「追加」や「修正」を行うコードです。紙面の都合上、コードの途中で改行を挟む部分には ⏎ を掲載しています。

Code 1-3-5 main.js

```
1  const button = document.querySelector("#button");
2  button.addEventListener("click", function () {
     alert("こんにちは！");   ← 削除
3    const output = document.querySelector("#output");
4    output.textContent ="こんにちは";   ← 追加
5  });
```

◎チェックポイント

操作につまずきやすい部分では、チェックポイントを用意しています。

Check Point

コードを打ち込んでもエラーになる！

コードの英数字やかっこを全角で入力していませんか？ プログラムは基本的に半角英数字で入力する必要があります。また、文字列は「ダブルクォーテーション（"）」で囲む必要があります。「シングルクォーテーション（'）」2つではありません。キーボードの［SHIFT］＋［2］キーを押して入力してください。

● 全角文字でプログラムを入力するとエラーになる

◎ワンポイント解説

解説の途中で登場する「用語」や「技術」については、ワンポイント解説を掲載しています。詳しく知りたい人は、ぜひ解説を読んでみてください。この部分を読み飛ばしても、アプリは完成させられます。

変数って何？

変数とは、数字やテキストなどを一時的に入れておくことができる箱のようなものです。変数には名前を付けることができ、必要なときに取り出せます。最初に名前を付けることを「宣言」、変数に値を入れることを「代入」といいます。変数を宣言する際は、主に「**let**」と「**const**」という2種類のキーワードが使われます。let で宣言した変数は後から別の中身に入れ替えること（上書き）が可能ですが、const で宣言した変数はできません。

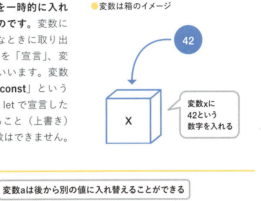

●変数は箱のイメージ

●letとconstによる変数の宣言

```
1  let a = 123
2  const b = 123
```

変数aは後から別の値に入れ替えることができる

変数bは後から別の値に入れ替えることはできない

◎キャラクターヒント

解説の途中では、キャラクターたちがヒントやアドバイスをしてくれます。

プログラミングの世界へ飛び込んでみよう！

いろいろな面白いアプリが作れるよ

■ 本書の流れ

　本書は6つの章で構成されており、各章で1つずつアプリを作っていきます。
　第2章からは、あらかじめ難しい部分のプログラミングを済ませた「下ごしらえ済みのプログラム」を用意しているので、ダウンロードしてから作業を進めてください。ダウンロードの方法は後述します。

■ ダウンロードファイル（付属データ）について

　本書のダウンロードファイルは下のURLから、翔泳社のサイトにアクセスしてダウンロードできます。アクセスしたページでリンクをクリックすると、Zipファイルがダウンロードできるので、ご自身のパソコンで解凍して使用してください。

　🌐 https://www.shoeisha.co.jp/book/download/9784798184395

　Zipファイルを解凍すると、章ごとのフォルダが用意されています（第1章は「1」フォルダ、第2章は「2」フォルダ、という構成です）。各章のフォルダ内には節ごとのフォルダがあり、それぞれの節に対応した作業段階のプログラムファイルが格納されています。**作業を始める際には、各章の冒頭で案内されるフォルダを参照してください**。また、途中の節から作業を開始したい場合は、該当する節のフォルダ内のファイルを使用します。例えば、第3章の3-3節から作業を始める場合は、「3」フォルダ内の「3-3」フォルダを参照してください。
　さらに、各章のフォルダには**「complete」というフォルダが用意されており、完成したアプリのプログラム例が収められています**。こちらをお手本として活用することもできます。

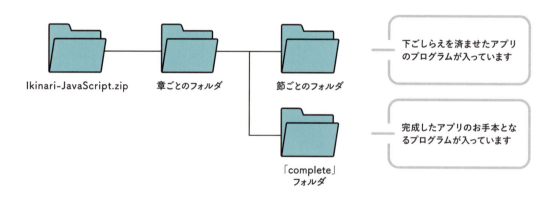

【ダウンロードファイル（付属データ）に関するご注意】

※付属データに関する権利は著者および株式会社翔泳社が所有しています。許可なく配布したり、Webサイトに転載したりすることはできません。
※2、4、6章のフォルダに含まれるアプリ画面用のイラストは、イラストレーター「みずの紘」氏の著作物です。これらのイラストは、本書を利用した学習の範囲を超える用途で使用しないでください。
※付属データの提供は予告なく終了することがあります。あらかじめご了承ください。

■本書の動作環境について
本書で紹介しているサンプルプログラムは次に記載の環境で動作確認を行っています。

・Windows11（64bit）
・macOS 15 Sequoia

Contents

Chapter 1 一生分の運勢を占おう！「100年おみくじ」

1-1 JavaScriptを動かしてみよう …………………………………………… 4
　1-1-1　ブラウザでJavaScriptを動かしてみよう ………………………………… 4
　1-1-2　準備運動で肩慣らし ……………………………………………………… 9

1-2 おみくじプログラムを作ろう ……………………………………………… 13
　1-2-1　おみくじの紙や箱を用意してみよう …………………………………… 13
　1-2-2　ランダムに中身を取り出せるようにしよう …………………………… 16
　1-2-3　おみくじを作ろう ………………………………………………………… 18

1-3 100年分の運勢を判定しよう ……………………………………………… 20
　1-3-1　プログラムを再利用しよう ……………………………………………… 20
　1-3-2　繰り返し実行しよう ……………………………………………………… 22
　1-3-3　都合の悪い結果は見なかったことにしよう …………………………… 25

Chapter 2

アプリよ、私を紹介して！「自己PRメーカー」

2-1 便利なエディタを使ってみよう ……………………………………… 30
- 2-1-1　Visual Studio Codeの便利な機能 …………………………… 30
- 2-1-2　Visual Studio Codeをインストールしてみよう ……………… 31
- 2-1-3　Visual Studio Codeについて知ろう …………………………… 36

2-2 アプリの画面を作ろう …………………………………………………… 38
- 2-2-1　プログラムの中身を覗いてみよう ……………………………… 38
- 2-2-2　名前を入力する欄を追加しよう ………………………………… 43
- 2-2-3　他にもいろいろ追加しよう ……………………………………… 45

2-3 自己PR文を作ろう ……………………………………………………… 50
- 2-3-1　ボタンのクリックに反応させよう ……………………………… 50
- 2-3-2　あいさつを画面に表示しよう …………………………………… 52
- 2-3-3　自己紹介文をランダムに作ろう ………………………………… 56

2-4 画面を飾り付けよう …………………………………………………… 59
- 2-4-1　背景や配置を変えてみよう ……………………………………… 60
- 2-4-2　吹き出しを飾り付けよう ………………………………………… 64

2-5 改造してみよう ………………………………………………………… 67
- 2-5-1　単語のバリエーションを増やそう ……………………………… 67
- 2-5-2　文章も自分独自に書き換えよう ………………………………… 67
- 2-5-3　イラストを差し替えよう ………………………………………… 68

Chapter 3

AIがあなたにおもてなし「接待○×ゲーム」

3-1　ゲーム画面を作ろう …… 72
- 3-1-1　ざっくり全体像を確認しよう …… 72
- 3-1-2　マス目を用意しよう …… 76

3-2　プレーンな○×ゲームを作ろう …… 79
- 3-2-1　○×ゲームに必要な要素を確認しよう …… 79
- 3-2-2　データを定義しよう …… 81
- 3-2-3　○と×を置けるようにしよう …… 84
- 3-2-4　勝敗を判定しよう …… 87

3-3　AIと対戦しよう …… 95
- 3-3-1　思考エンジンを呼び出そう …… 95
- 3-3-2　思考エンジンの中身をちょっと覗いてみよう …… 98

3-4　接待モードを用意しよう …… 102
- 3-4-1　モード切り替えボタンを用意しよう …… 102
- 3-4-2　モードで思考を切り替えよう …… 103
- 3-4-3　モードでデザインを切り替えよう …… 105

Chapter 4 目指せ！一級合格「ダジャレ審議会」

4-1 アプリの画面を作ろう …………………………………… 110
- 4-1-1 ざっくり全体像を確認しよう …………………………………… 110
- 4-1-2 審議ネコを置こう …………………………………… 112
- 4-1-3 審議ネコに札を掲げてもらおう …………………………………… 114

4-2 シンプルなダジャレを判定しよう …………………………………… 118
- 4-2-1 文章を分割しよう …………………………………… 118
- 4-2-2 同じ読みを判定しよう …………………………………… 121

4-3 面白いダジャレを判定しよう …………………………………… 124
- 4-3-1 面白いダジャレの条件を考えよう …………………………………… 124
- 4-3-2 面白いダジャレを見極めよう …………………………………… 126

4-4 高度なダジャレを判定しよう …………………………………… 130
- 4-4-1 高度なダジャレを見極めるための手法 …………………………………… 130
- 4-4-2 高度なダジャレを見極めよう …………………………………… 131

Chapter 5 誰でも教科書に載れる！「偉人なりきりメーカー」

5-1 偉人の紹介ページを作ろう ……………………………………………… 140

- 5-1-1 アプリの画面要素を確認しよう … 140
- 5-1-2 アプリの機能を確認しよう … 141
- 5-1-3 現時点のアプリの画面を確認しよう … 143
- 5-1-4 紹介文を書こう … 144
- 5-1-5 肖像画を置こう … 145

5-2 紹介文と肖像画を編集しよう ……………………………………………… 146

- 5-2-1 紹介文を書き換えよう … 146
- 5-2-2 肖像画を変更しよう … 147

5-3 肖像画を加工しよう ……………………………………………… 153

- 5-3-1 画像をモノクロにしよう … 153
- 5-3-2 写真を撮ろう … 156

5-4 落書きをしよう ……………………………………………… 160

- 5-4-1 落書きモードを追加しよう … 160
- 5-4-2 ペンの色を変えよう … 167

Chapter 6 声援が力に変わる！「スイカ割り応援上映」

6-1 キャラクターを表示しよう 172
- 6-1-1 ざっくり全体像を確認しよう 172
- 6-1-2 画面にキャラクターを表示させよう 175
- 6-1-3 キャラクターに動作を付けよう 178

6-2 キャラクターを動かそう 180
- 6-2-1 キーボードから入力を受け取ろう 180
- 6-2-2 オバケの状態を更新しよう 181
- 6-2-3 振り下ろすモーションを追加しよう 185

6-3 声で操作しよう 187
- 6-3-1 音声認識でオバケを動かそう 187
- 6-3-2 みんなの声援で会場を沸かそう 190
- 6-3-3 コメントを可視化しよう 191

6-4 ゲームとして仕上げよう 196
- 6-4-1 カニを動かそう 196
- 6-4-2 あたり判定を実装しよう 197
- 6-4-3 クリア・ゲームオーバーの演出を加えよう 200

Chapter
1

一生分の運勢を占おう！
「100年おみくじ」

Chapter 1

一生分の運勢を占おう！

この章で作成するアプリ

この章では、JavaScriptを扱うための準備体操を行います。
基本的な機能をひとつひとつ学びながら、
章の最後に100年分の運勢をまとめて占えるおみくじを作ります。

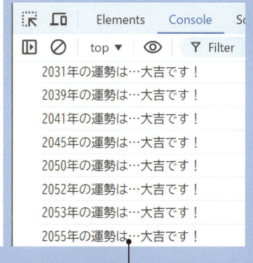

Check!
100年先の未来を占おう！
プログラムを実行するだけで、100年分の運勢を一気に表示します。

Check!
都合の悪い運勢は見えません
残念な未来は極力見えないように、大吉の年だけを表示するように改造もしてみましょう。

Chapter 1

Roadmap
ロードマップ

SECTION 1-1 JavaScriptを動かしてみよう ▶P004
まずは準備運動！

SECTION 1-2 おみくじプログラムを作ろう ▶P013
どの運勢が出るかはお楽しみ！

SECTION 1-3 100年分の運勢を判定しよう ▶P020
プログラムで未来を先取りしよう！

FIN

Point
── この章で学ぶこと ──

- ✓ 「デベロッパーツール」で簡単にプログラムを試してみる！
- ✓ 数や文字を入れておくには「変数」を使う！
- ✓ 「関数」で処理を効率的に使いまわす！

Go to the next page! →

SECTION 1-1 JavaScriptを動かしてみよう

1-1-1 ブラウザでJavaScriptを動かしてみよう

JavaScript は Web ブラウザ（インターネットを閲覧するためのソフト）上で動くプログラミング言語です。最新のブラウザであれば、基本的にどのブラウザでも JavaScript を動かすことができますが、本書では広く使われている「**Google Chrome**」での操作方法について説明します。

1 Google Chromeを起動しよう

自分の PC に Google Chrome がインストールされていない場合は、以下の URL からインストーラーをダウンロードしましょう。無料で利用できます。

🌐 https://www.google.com/chrome/

Google Chrome を起動すると、次のような画面が表示されます。

図 1-1-1　Google Chrome

2 デベロッパーツールを起動しよう

　本格的なプログラミングに入る前に、ブラウザの「**デベロッパーツール**」を使って簡単なプログラムを実行してみましょう。ちょっとしたプログラムを試す際は、デベロッパーツールを使うと結果がすぐにわかるので便利です。

　Google Chromeを起動したら、新しいタブを開いて、キーボードの［F12］キーを押してください。すると、デベロッパーツールが起動し、画面の下部に図1-1-2のような画面が表示されます（環境によっては画面の横に縦向きに置かれる場合もあります。配置形式の変更方法は8ページを参照してください）。

図1-1-2 デベロッパーツール

デベロッパーツールって何？

　デベロッパーツール（DevTools）は、Google Chromeに標準搭載されているWeb開発に役立つ機能群です。Webサイトの構造を詳しく解析したり、JavaScriptを実行した結果をひとつひとつ確認したりしながら開発を行うことができます。デベロッパーツールには便利な機能が数多く用意されていますが、この書籍ではJavaScriptを実行し、結果を逐次確認できる**コンソール**機能だけを利用します。

3 JavaScriptを体験してみよう

　それでは、さっそくJavaScriptを使ったプログラミングを体験してみましょう。まずデベロッパーツールの「**Console**」タブが選択されていることを確認してください。環境によっては「**コンソール**」という日本語表記になっている場合もあります（表示言語の変更方法は8ページを参照してください）。

図 1-1-3 Consoleタブ

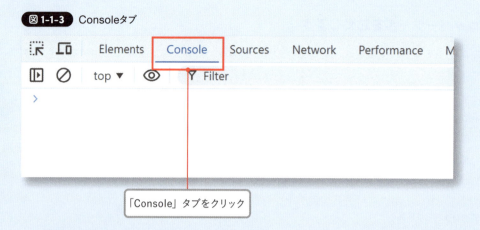

「Console」タブをクリック

すると、画面上に「>」のマークが見えるはずです。このマークに続けて JavaScript のコード（プログラムを記述するためのテキスト）を打ち込むと、プログラムをその場で実行できます。

それでは「**alert("こんにちは")**」とコードを打ち込んで［Enter］キーを押してみましょう。**alertは画面にメッセージを表示する機能**で、指定したメッセージをポップアップで表示します。

図 1-1-4 プログラムのコードを打ち込んでみる

プログラムのコードを打ち込んでみる

実行すると、図 1-1-5 のように「**こんにちは**」と書かれたポップアップが表示されます。おめでとうございます！　これで、JavaScript のプログラムを作る第一歩を踏み出しました！

図 1-1-5 ポップアップが表示される

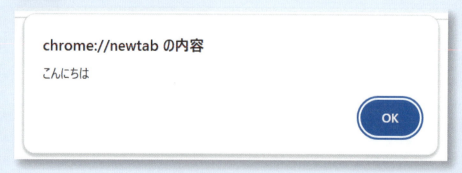

6

Check Point

何もしていないのに赤いエラーが出る！

　デベロッパーツールは開いている Web ページを解析するためのツールなので、開いているページによっては起動するといきなり赤い文字のエラーが表示されることがあります。

　これはその Web ページにもともとあるエラーです。コンソールでコードを試す分には支障がないので無視して構いません。画面上の⊘アイコンをクリックすればエラーを消すことができます。

●エラーを非表示にする

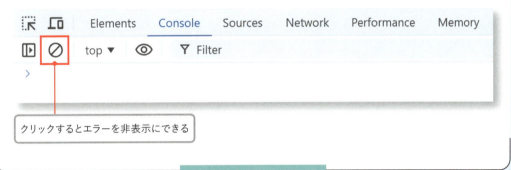

クリックするとエラーを非表示にできる

Check Point

コードを打ち込んでもエラーになる！

　コードの英数字やかっこを全角で入力していませんか？　プログラムは基本的に半角英数字で入力する必要があります。また、文字列は「ダブルクォーテーション（"）」で囲む必要があります。「シングルクォーテーション（'）」2 つではありません。キーボードの［SHIFT］＋［2］キーを押して入力してください。

●全角文字でプログラムを入力するとエラーになる

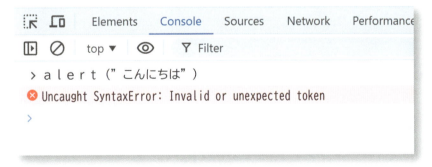

デベロッパーツールを自分好みの設定にしよう

　デベロッパーツールの右上に表示された3つの点が並ぶボタンを押すと、デベロッパーツールの表示形式を左側・下側・右側・別ウィンドウと切り替えることができます。好みのスタイルに設定しましょう。

●配置形式の選択

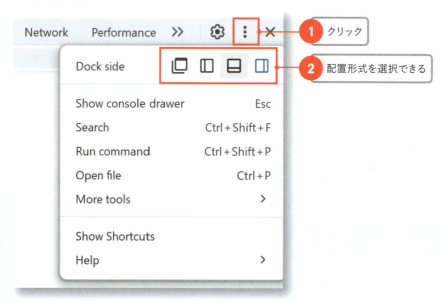

　また表示言語をデフォルトの英語から日本語に変更したい場合は、歯車型のアイコンをクリックし、設定画面から表示言語を変更できます。

●表示言語の選択

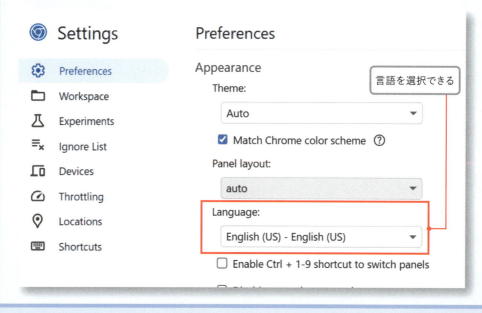

1-1-2 準備運動で肩慣らし

1 簡単な計算をしてみよう

図 1-1-6 整数の計算

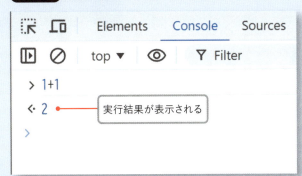

プログラミングでは様々なことが実行できます。その代表例が**計算**です。デベロッパーツールのコンソールに「**1+1**」とコードを入力してみましょう。半角文字で入力することに注意してください。入力後、[Enter] キーを押すと、すぐ下に「2」と実行結果が表示されます。

図 1-1-7 小数を含む計算

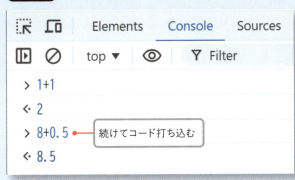

計算できるのは整数だけではありません。すぐ下の行に続けて、今度は「**8+0.5**」と入力してみましょう。[Enter] キーで実行すると、「8.5」と計算結果が表示されます。

2 変数を使ってみよう

図 1-1-8 変数に数を入れる

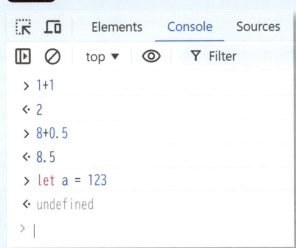

また、「**let 変数名 = 数値**」と記述することで、好きな数字を**変数**と呼ばれる入れ物に保存することもできます。「**let a = 123**」と入力して、[Enter] キーを押します。これで「a」という名前の変数に「123」という数が入ったことになります。実行すると下の行に「undefined」と表示されますが、これは気にしなくて構いません。

変数って何？

　変数とは、数字やテキストなどを一時的に入れておくことができる箱のようなものです。変数には名前を付けることができ、必要なときに取り出せます。最初に名前を付けることを「宣言」、変数に値を入れることを「代入」といいます。変数を宣言する際は、主に「**let**」と「**const**」という2種類のキーワードが使われます。let で宣言した変数は後から別の中身に入れ替えること（上書き）が可能ですが、const で宣言した変数はできません。

●変数は箱のイメージ

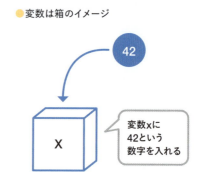

●letとconstによる変数の宣言

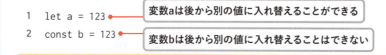

図 1-1-9　変数aの中身を表示する

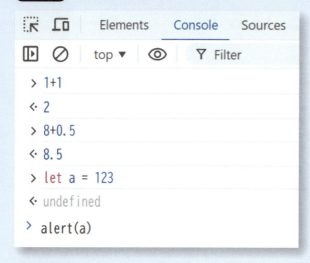

　変数はプログラムの途中で、中身を確認することができます。中身を確認したい変数を「alert(〜)」で囲めば、変数の中身を画面に表示できます。「alert(a)」と入力して、実行してみましょう。

図 1-1-10　ポップアップが表示される

　図 1-1-10 のように、ポップアップが表示されます。

3 変数を使った数字のマジック

図 1-1-11 変数xに好きな数字を入れる

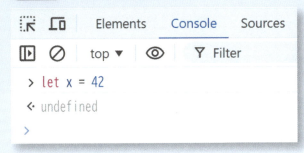

ここからは変数の使い方を学びながら、簡単な**数字のマジック**で遊んでみましょう。まずは、変数 **x** を let で宣言します。「let x =」に続けて、**あなたの好きな数字**を入力し、実行してください。

図 **1-1-11** では「42」を入力しました。

図 1-1-12 変数yに変数xを入れる

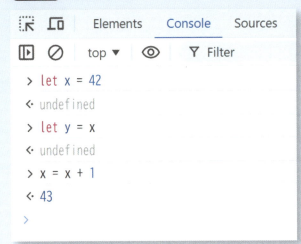

変数は別の変数に入れることもできます。変数 **x** の中身を、新たに用意した変数 **y** の中に入れましょう。

「**let y = x**」と入力し、実行します。続けて「**alert(y)**」を実行すると、変数 x に入れた「あなたの好きな数字」がポップアップで表示されるはずです。

図 1-1-13 変数xに1を足す

そして、変数には計算結果を入れることもできます。例えば、変数 x の中身の数に 1 を足したいときは「**x = x + 1**」と入力して実行します。

このとき先頭に「let」を付ける必要はありません。「let」を付けるのは、その変数を宣言するときのみです。

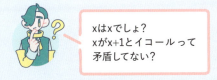
xはxでしょ？
xがx+1とイコールって矛盾してない？

プログラミングの世界では「=」は変数に値を入れること（代入）を表すんだ

図 1-1-14 数字のマジック完了

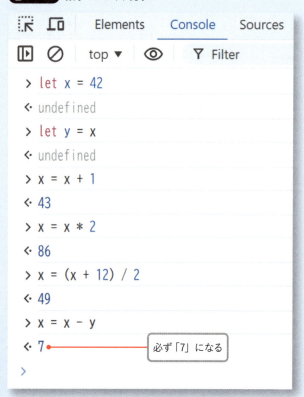

では x に 2 をかけましょう。かけ算は「*」を使います。

続いて、x に 12 を足して、2 で割ります。割り算は「/」を使います。また、かっこで式をくくると計算の順序を制御できます。

最後に、x から y を引いてみましょう。引き算は「-」を使います。結果はどうなりましたか？ <u>**最初にどんな数字を選んでいても、答えはきっと「7」になっているはずです**</u>。

SECTION 1-2 おみくじプログラムを作ろう

準備運動は終了です。ここからは、実際に**おみくじプログラム**を作っていきます。まずは、おみくじに必要な要素を考えてみましょう。現実世界のおみくじを想像しながら考えてみると、

- おみくじの紙
- おみくじの紙を入れる箱
- くじを引く人

などが必要になりますね。これらの必要な要素を踏まえて、プログラムを書いていきましょう。

1-2-1 おみくじの紙や箱を用意してみよう

まず、運勢が書かれたおみくじの紙を用意してみましょう。おみくじの紙はプログラムでどのように表現すればよいでしょうか。プログラムで作るおみくじは、紙そのものを用意せずとも、おみくじを引いた際に「大吉」や「中吉」などの文字を PC の画面に表示すればよさそうです。JavaScript は数値だけでなく文字も扱うことができます。さっそく試してみましょう。

1 変数で文字を扱う

まずは変数に文字を入れてみましょう。デベロッパーツールのコンソールに次のコードを入力してください。複数行のコードを打ち込む場合は、[Shift] ＋ [Enter] キーで改行ができます。前の節で入力したコードがコンソール上に残っている場合は、ブラウザのページを再読み込みしてリセットすると見やすくなるでしょう。ただし、再読み込みをするとそれまで定義していた変数の値もリセットされてしまうので、注意しましょう。

Code 1-2-1 変数に文字を入れる

```
1  let str = "Hello World"
2  alert(str)
```

実行して画面上にポップアップが表示されれば、プログラムは正しく動作しています。

図 1-2-1 「Hello World」とテキストの入ったポップアップが表示される

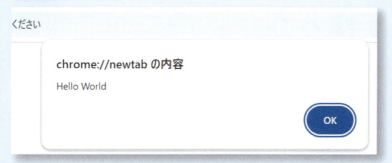

JavaScriptのデータの種類

さて、ここで数字に加えて文字が登場しました。JavaScriptでは数字や文字をはじめ、いろいろなデータを扱うことができ、この種類のことを**型**と呼びます。代表的な型には以下のようなものがあります。

●JavaScriptの代表的な型

種類	例	説明
数値型	123、3.14	数字を扱う型
文字列型	"hoge"、'huga'、\`piyo\`	テキストを扱う型。「ダブルクォート(")」「シングルクォート(')」「バッククォート(\`)」のいずれかで文字を囲んで使う
真偽値型	true、false	条件に対して真（true）か偽（false）を扱う型
null型	null	データが存在しないことを表す型

2 配列で箱を用意する

JavaScriptには**配列**というおみくじの紙を入れる箱を表現するのにぴったりな機能があります。次のようにコードを追加しましょう。複数の文字列を、配列という共通の箱で管理します。

Code 1-2-2 配列を用意する

```
1  let arr = ["サル","ゴリラ","チンパンジー"]
2  alert(arr[1])
```

配列の中身を取り出す際には配列名の横に「**[1]**」というように番号を指定します。Code 1-2-2 で用意した配列でいえば、0 はサル、1 はゴリラ、2 はチンパンジーと、それぞれの番号と配列の中身が対応しています。

実行すると、配列の中に入っていた「**ゴリラ**」という文字列のポップアップが表示されます。

図 1-2-2 「ゴリラ」のポップアップが表示される

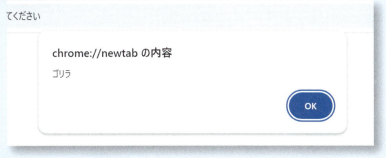

サル♪ゴリラ♪
チンパンジー♪

クワイ河マーチの
替え歌？

配列って何？

配列は、複数の値をひとまとめに管理できる便利な機能です。同じような値をたくさん扱うときに役立ちます。配列では、変数のようにひとつひとつ名前を付けて値を管理するのではなく、0 番目、1 番目、2 番目……といった連番で管理できる。

ただし、この配列という機能には、プログラミング初心者を悩ませるポイントがあります。この**配列の連番は 0 から数え始める**のです。配列の中身を取り出すときは番号を指定しますが、配列の 1 番目の値を取り出したいときは 0、2 番目の値を取り出したいときは 1 を指定します。

● 配列は引き出しが複数ある棚のイメージ

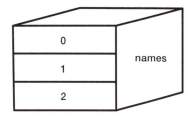

● コードブロック

```
1  let names = [" 一郎 "," 次郎 "," 三郎 "]     配列を作る
2  alert(names [1])                             2番目の要素を取り出すには1を指定する
3  names .push(" 四郎 ")                         配列には新しい値を追加することもできる
4  alert(names [3])                             追加した「四郎」を取り出したいときは3を指定する
```

1-2-2 ランダムに中身を取り出せるようにしよう

　先ほどサル・ゴリラ・チンパンジーを配列でまとめて管理したように、大吉・中吉・小吉……など
の文字列を配列に格納すれば、おみくじの紙が入った箱を表現できそうですね。

　しかし、配列の要素は順番に入っているため、先頭から取り出したら何の運勢が出るかわかってし
まいます。これでは、おみくじの神秘性が台無しですね。

　そこで、**配列からランダムに中身を取り出す方法**を学んでみましょう。先ほど作成した動物の名
前の配列から、ランダムに中身を取り出せるようにしてみます。デベロッパーツールのコンソール上
で、次のコードを1行ずつ実行してみてください。コンソールはリセットせずに、Code1-2-2 で入力
したコードの後に続けて入力します。コンソールをリセットすると、動物の名前が入った配列 arr も
リセットされてしまい、正しく動作しません。

Code 1-2-3 ランダムな数を作成する

```
1  Math.random()
2  Math.floor(3.14)
3  Math.floor(Math.random() * 3)
4  let animal = arr[Math.floor(Math.random() * 3)]
5  alert(animal)
```

Code 1行目 0以上1未満のランダムな数を作る

　Math.random() という関数を使うと 0 以上 1 未満のランダムな数（小数点を含む数）が手に入り
ます。**関数**とは、複数の処理を再利用できるようにコードをまとめたものを指します。

Code 2行目 小数点以下を切り捨てる

　JavaScript には、他にも数字に関する便利な関数がたくさん用意されています。例えば **Math.floor**
は与えられた数字の小数点以下を切り捨てる関数です。2 行目のコードを実行すると「3.14」の小数
点以下が切り捨てられ、コンソール上には「3」と表示されます。

Code 3行目 ランダムな数を1から3の整数の範囲に収める

　3 行目では、Math.random() と Math.floor() を組み合わせ、0 以上 1 未満のランダムな数を 3 倍し
てから、小数点以下を切り捨てています。例えば Math.random() で得られるランダムな数字が 0.6
だった場合、0.6 を 3 倍して 1.8、そして 1.8 の小数点以下を切り捨てて 1 になります。これにより、
0 または 1 または 2 をランダムに取得できるようになります。

Code 4〜5行目 ランダムに動物の名前を表示する

　4 行目では動物の名前が入った配列 **arr** からランダムに値を取り出し、変数 **animal** に入れていま
す。そして 5 行目で変数 animal に入った動物の名前をポップアップで表示しています。

このプログラムを実行すると、次のようなポップアップが表示されます。

図 1-2-3 動物の名前がランダムに表示される

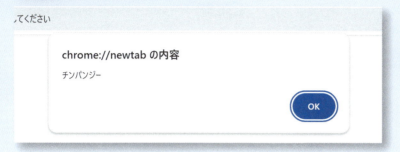

 関数って何？

　関数とは、処理を後で再利用できるようにまとめたものです。 JavaScript には最初から用意されている便利な関数が多数あります。関数には変数を受け取って処理をするものがあり、この受け取る変数のことを**引数（ひきすう）**と呼びます。

●数字に関する主な関数

名前	機能
Math.random()	0以上1未満のランダムな数字を生成する
Math.round(数字)	与えられた数値を四捨五入する
Math.floor(数字)	与えられた数値の小数点以下を切り捨てる
Math.ceil(数字)	与えられた数値の小数点以下を切り上げる

1-2-3 おみくじを作ろう

ここまでの内容を踏まえると、おみくじプログラムの作り方が何となくイメージできたことでしょう。図 1-2-4 のような流れをプログラミングで作っていきます。

図 1-2-4 おみくじプログラムの流れ

ブラウザのページを再読み込みしてコンソールをリセットし、次のコードを入力してください。

Code 1-2-4 おみくじプログラム

```
1  let hako = ["大吉","中吉","吉","小吉","凶","大凶"]
2  let index = Math.floor(Math.random() * 6)
3  let unsei = hako[index]
4  console.log(unsei)
```

Code 1行目 おみくじの紙と箱を用意する

おみくじの紙が入った配列 **hako** を用意します。おみくじの紙には 6 種類の運勢が書かれています。

Code 2行目 ランダムな数を作成する

どの紙を引くかは、ランダムに生成される数によって決定します。Math.random() で得られる数値は 0 以上 1 未満なので、6 をかけて切り捨てると 0、1、2、3、4、5 のいずれかの数字がランダムに取得できます。取得した数字を変数 index に入れています。

Code 3～4行目 引いたおみくじを表示する

配列 hako から変数 index で指定した番号の中身を取り出し、新しい変数 unsei に入れています。

ここでもうひとつ新しい関数を紹介します。**console.log を使えば、引数に指定した変数の中身などをコンソールに表示することができます。**ここでは、おみくじの結果が入った変数 unsei の中身を表示しています。

4行目のコードまでを実行すると、コンソール上に運勢が表示されるはずです。

図 1-2-5 運勢が表示される

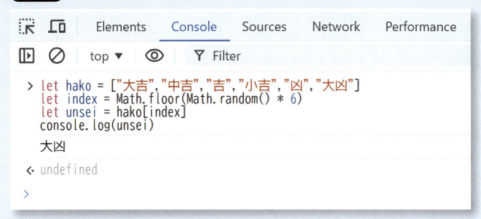

大凶だ！　もう一回……と思ったけど、くじを引くたびにいちいちプログラムを書き直すのは面倒だなあ

次のページから、もっと楽にできる方法を紹介するよ

SECTION 1-3 100年分の運勢を判定しよう

1-3-1 プログラムを再利用しよう

先ほどのコードは図1-3-1のようにおみくじプログラムの流れと対応していました。しかし、おみくじを引くたびに、すべてのプログラムをいちいち書き直すのは骨が折れます。

図 1-3-1 おみくじの流れとコードの対応

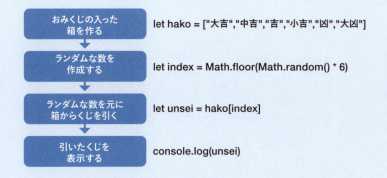

JavaScript には、複数の処理を1つにまとめて再利用できる便利な機能があります。それは、先ほども登場した関数です。おみくじプログラムの中では、Math.random や Math.floor など始めから用意された関数を使いましたが、関数は自分でも作ることができます。

そこで、おみくじを引くための一連の処理をまとめたオリジナルの**おみくじ関数**を作ってみましょう。一度関数を作成すれば、関数を呼び出すだけで特定の処理を繰り返し実行することができます。

図 1-3-2 おみくじ関数を作る

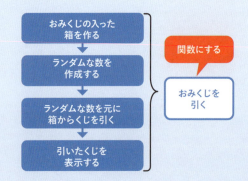

関数の作り方は簡単です。先ほどの処理を、**function omikuji(){〜}** で囲むだけです。次のようにコードを入力しましょう。2〜5 行目は先頭に 4 文字分の半角スペースを入れます（デベロッパーツールのコンソールでは改行すると自動で挿入されます）。

Code 1-3-1 おみくじ関数を作成する

```
1  function omikuji(){
2      let hako = ["大吉","中吉","吉","小吉","凶","大凶"];
3      let index = Math.floor(Math.random() * 6);
4      let unsei = hako[index];
5      console.log(unsei);
6  }
```

コードの先頭にスペースを入れるのはなぜ？

　Code1-3-1 では、2〜5 行目のコードの先頭にスペースが入っていました。これは、**インデント**と呼ばれ、コードを読みやすくするために入れる字下げです。インデントは半角スペース 2 文字や 4 文字、あるいは［Tab］キーなどが用いられることが多いです。デベロッパーツールでは、自動的に半角スペース 4 文字のインデントが入ります。インデントの有無や数はプログラムの挙動に影響はありません。

作成した関数を使ってみましょう。**omikuji()** と名前を書くだけで関数を呼び出せます。これで気が済むまでおみくじを引き直すことができますね。運命は自分の手で引き寄せましょう！

Code 1-3-2 おみくじ関数を呼び出す

```
1  omikuji()
```

セミコロンの役割について

　Code1-3-1 には各行の最後に**セミコロン**（;）が付いています。これは「ここで文が一区切り」ということを表しています。JavaScript では行末のセミコロンを省略することができるので、書かなくても構いません。

1-3-2　繰り返し実行しよう

　関数を使うことで一度書いた処理を何度でも呼び出せるようになりました。しかし、これで満足してはいけません。もっと楽な方法をどこまでも追求しましょう。

　おみくじを何度も引く処理には、**for文**というプログラムの書き方が使えます。for文を使えば処理を指定した回数だけ繰り返すことができます。

　コンソールに次のようにコードを入力し、実行しましょう。

Code 1-3-3 おみくじを10回連続で引く

```
1  for(let i = 0;i<10;i++){
2      omikuji();
3  }
```

図 1-3-3 繰り返す

同じ結果が連続している箇所は先頭に丸数字が表示される

　実行すると、コンソールにおみくじの結果が10回分表示されます。

for文って何？

for 文は、何度も繰り返すときに使うプログラムの書き方です。先ほどの for 文を見てみましょう。

● for文の例

```
1  for(let i = 0;i<10;i++){
2      omikuji();
3  }
```

このコードは「i を 0 から 1 ずつカウントアップし、i が 10 未満の間 omikuji() を繰り返す」という処理を意味しています（カウントアップとは1ずつ数を増やしていくことを指します）。

● for文の記述の意味

記述	意味
let i = 0	iは0からスタート
i < 10	10未満の間ループは続く
i++	1ループごとにiを1つずつカウントアップする

それではこの章のタイトルである、100年おみくじを作ってみましょう。一度おみくじを引くと、100年分の運勢が表示されるスケールの大きなおみくじです。

コンソール上の実行結果は「大吉」「中吉」とだけ表示されても、何年の運勢を指しているのかわからないので「〜年の運勢は…大吉です！」とメッセージを表示できるようにプログラムを修正しましょう。次のようにコードを入力してください。

Code 1-3-4 メッセージを表示できるようにする

```
1  function omikuji(year){
2      let hako = ["大吉","中吉","吉","小吉","凶","大凶"];
3      let index = Math.floor(Math.random() * 6);
4      let unsei = hako[index];
5      console.log(year + "年の運勢は…" + unsei + "です！");
6  }
```

Code 1行目 関数に引数を設定する

omikuji関数を修正して、引数で **year** を受け取り、その年の運勢を出力するようにします。「function 関数の名前」に続くかっこに囲まれている部分は **引数** で、関数の中の処理で使うことができます。

それでは、おみくじを引く処理を100年分繰り返しましょう。次のコードを入力します。

Code 1-3-5 おみくじを100年分繰り返す

```
1  for(let i = 2025;i < 2125;i++){
2      omikuji(i);
3  }
```

Code 1行目 おみくじの期間を指定する

ここでは、iの初期値を「2025」にしています。そしてiを1ずつカウントアップし、2124を超えて2125になるまでの間、処理を繰り返します。年が格納されたiをomikuji(～)に渡してあげると、その年の運勢が表示されます。

図 1-3-4 100年分の運勢が表示される

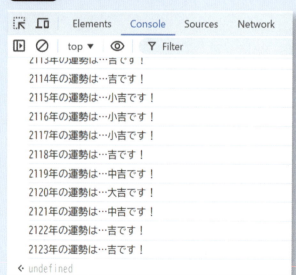

実行すると、2025年から2124年までの100年間の運勢が表示されます。

1日1回のおみくじを100年繰り返すようにはできないの？

for文は入れ子構造にもできるよ。100回繰り返すfor文の中に365回繰り返すfor文を書いてみよう

これで100×365＝36500日分の運勢をっと……
うわあああああ！
めちゃくちゃ出てきた！

1-3-3 都合の悪い結果は見なかったことにしよう

100年分の運勢をランダムに占うおみくじができましたが、不幸な未来は極力見たくありません。大吉以外の年は見なかったことにしましょう。次のようにコードを入力します。

Code 1-3-6 大吉の結果だけを表示する

```
function omikuji(year){
    let hako = ["大吉","中吉","吉","小吉","凶","大凶"];
    let index = Math.floor(Math.random() * 6);
    let unsei = hako[index];
    if(index == 0){
        console.log(year + "年の運勢は…" + unsei + "です！")  ;
    }
}
```

console.log が if(i ==0){ ～ } という記述で囲まれました。これは **if文** というプログラムの書き方で **「i が 0 の場合のみ表示する」** という処理を意味します。0 は大吉の番号ですので、「運勢が大吉のときだけ」結果を表示するということです。

それでは 100 年分のおみくじの運勢を出力してみましょう。明るい未来しか見えませんね。

Code 1-3-7 100年おみくじを引き直す

```
for(let i = 2025;i < 2125;i++){
    omikuji(i);
}
```

図 1-3-5 大吉の年だけ運勢が表示される

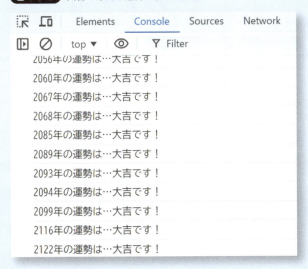

if文って何？

if 文というプログラムの書き方を使うと、条件によって実行する処理を切り替えることができます。これを**条件分岐**と呼びます。

条件を表す文には次のような種類が使えます。

●if文

```
1   if (i ==0){
2       // 実行する処理
3   }
```

●条件文の種類

条件文	概要
a == b	aとbが同じ
a != b	aとbが違う
a < b	aよりbが大きい
a > b	aよりbが小さい
a <= b	bはa以上（同じかそれより大きい）

if～else文の使い方

if ～ else 文を使うと、2 つの処理を切り替えることができます。例えば年齢に応じてお酒を渡すか、ジュースを渡すかを切り替えるコードは右のように書くことができます。分岐する処理を図に表すと下のような形になります。

●if～else文

```
1   if (20 <= age){
2       console.log(" お酒をどうぞ ");
3   } else {
4       console.log("ジュースをどうぞ");
5   }
```

●条件分岐のイメージ

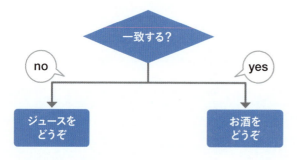

Chapter 2

アプリよ、私を紹介して！「自己PRメーカー」

Chapter 2

アプリよ、私を紹介して！

この章で作成するアプリ

自己紹介で何を話せばいいのか迷ってしまうことはありませんか？ このアプリはあなたに代わって自己PR文を作成してくれます。生成される自己PR文は完全ランダム。アプリを使ってアピール上手な自分に生まれ変わりましょう。

自己PRメーカー

お名前: おとうふ　　自己PRする

こんにちは、私の名前はおとうふです。 最近はまっているのはプログラミングで、 特技は食べることです。 よろしくね

Check!

自己PR文を作成！

ボタンを押すたびにランダムに自己PR文を作成してくれます。
気に入った文章が出てくるまで連打しましょう！

Check!

自分の好みにカスタマイズ

お手本通りに作ってもよいですが、せっかくなので自分なりにカスタマイズしてみましょう！

Roadmap
ロードマップ

SECTION 2-1 便利なエディタを使ってみよう ▶P030 — 快適な環境を手に入れよう

SECTION 2-2 アプリの画面を作ろう ▶P038 — 具体的な画面を組み立てよう

SECTION 2-3 自己PR文を作ろう ▶P050 — 何が出るかは運任せ！

SECTION 2-4 画面を飾り付けよう ▶P059 — アプリを華やかにしよう

SECTION 2-5 改造してみよう ▶P067 — オリジナルのアプリに改造だ！

FIN

Point
—— この章で学ぶこと ——

- ☑ 画面の構造は「HTML」で作る！
- ☑ 見た目は「CSS」で飾り付ける！
- ☑ 画面に動きを与えるのは「JavaScript」！

Go to the next page!

SECTION 2-1 便利なエディタを使ってみよう

　第1章ではブラウザのデベロッパーツールを使ってプログラミングをしました。この章からは少し長いプログラムをファイルとして保存して作ってみましょう。

2-1-1 Visual Studio Codeの便利な機能

　プログラムのファイルは、PCに入っている「メモ帳」などのソフトがあれば作成できます。しかし、**エディタ**というソフトを使うと、より快適にプログラミングをすることができます。エディタにはいろいろな種類がありますが、この本では **Visual Studio Code（ビジュアルスタジオコード）** というエディタを使います。無料で利用することができ、次のような便利な機能が用意されています。

● コードの色付け

　Visual Studio Code でプログラムを書くと、プログラミング言語の文法に合わせて色付けしてわかりやすく表示してくれます。

図 2-1-1 エディタによる色付け

```javascript
const interests = ["ゲーム", "アニメ", "プログラミング"];
const specialties = ["寝ること", "食べること", "運動すること"];
const greetings = ["よろしくね", "お手柔らかに", "押忍！"];

const button = document.querySelector("#button");
button.addEventListener("click", function () {
    const name = document.querySelector("#name").value;
    const index1 = Math.floor(Math.random() * interests.length);
    const index2 = Math.floor(Math.random() * specialties.length);
    const index3 = Math.floor(Math.random() * greetings.length);
    const interest = interests[index1];
```

● コード補完

途中までコードを書くと、続きを提案して補完してくれます。

図 2-1-2 コードの提案

```
const button = document.querySelector("#button");
button.addEventListener("c   querySelect…   (method) ParentNode.querySelector<K ext…
    const name = document.   querySelectorAll
    const index1 = Math.fl   queryCommandEnabled
    const index2 = Math.fl   queryCommandIndeterm
    const index3 = Math.fl   queryCommandState
    const interest = inter   queryCommandSupported
    const specialty = spec   queryCommandValue
    const greeting = greet   requestStorageAccess
    const message =          isEqualNode
    こんにちは、私の名前は${name}です。
    最近はまっているのは${interest}で
```

間違いの指摘

書いたコードにプログラミング言語の文法にあっていない箇所があると、そこに赤い波線を引いて指摘してくれます。

図 2-1-3 間違いの指摘（イコールがマイナスになっている）

```
    特技は${specialty}です。
    ${greeting}`;
    const output - document.querySelector("#output");
    output.textContent = message;
```

エラーの種類によっては修正方法を提案してくれることもあるよ

2-1-2 Visual Studio Codeをインストールしてみよう

それではさっそくVisual Studio Codeをパソコンにインストールしましょう。次のURLからWebサイトにアクセスして、「Download for Windows」と書かれたボタンをクリックしてください。インストーラーのダウンロードが始まります。

🌐 https://code.visualstudio.com/

図 2-1-4 Visual Studio Codeの公式サイト

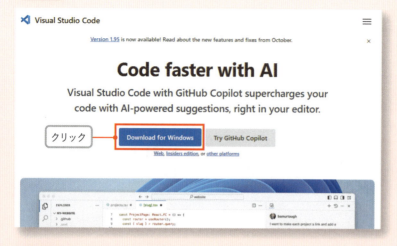

図 2-1-5 Visual Studio Codeのインストーラー

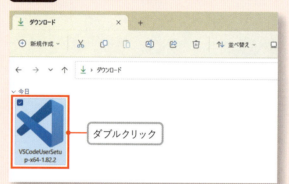

ダウンロードしたファイルをダブルクリックすると、インストーラーが起動します。

図 2-1-6 使用許諾の確認

使用許諾の確認があるので「**同意する**」を選択して「**次へ**」をクリックしてください。

図 2-1-7 インストール先の指定

インストール先の指定は初期表示のままで「**次へ**」をクリックしましょう。

図 2-1-8 スタートメニューフォルダーの指定

スタートメニューフォルダーの指定も「**次へ**」をクリックして進みます。

図 2-1-9 追加タスクの選択

追加タスクの選択ではすべての項目にチェックを入れておくと便利です。「**次へ**」をクリックして進みましょう。

図 2-1-10 インストール準備完了

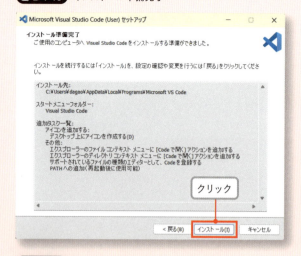

最後に「**インストール**」ボタンを押すとインストール作業が始まります。終わるまで待ちましょう。

図 2-1-11 インストール完了

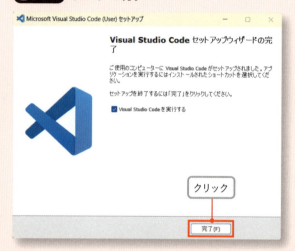

インストールが終わったら「**完了**」を押します。これで Visual Studio Code を使う準備ができました！

この本の画像と実際の画面の表示が違うときはどうすればいいかな？

バージョンによって細かい部分は変わるけど、わからないときは「次へ」ボタンを押していけばなんとかなるよ

しばらくすると Visual Studio Code が立ち上がります。

図 2-1-12 Visual Studio Codeの画面

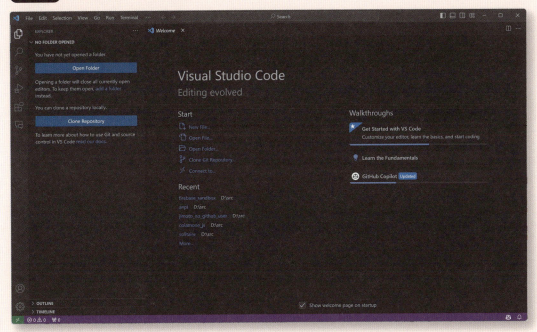

初期設定では表示言語が英語になっています。このままではわかりづらいので日本語に変更しましょう。

まず画面左端の5つのアイコンの並びの中から、拡張機能を表す🕮アイコンをクリックします。画面が切り替わったら、検索欄に japanese と入力します。すると日本語にまつわる拡張機能が一覧として表示されるので、その中から「**Japanese Language Pack for Visual Studio Code**」の Install ボタンを押します。

図 2-1-13 日本語化

インストールが完了すると画面の右下に「**Change Language and Restart**」というボタンが表示されるのでクリックします。Visual Studio Code が再起動して、日本語が使えるようになります。

図 2-1-14 「Change Language and Restart」ボタンをクリック

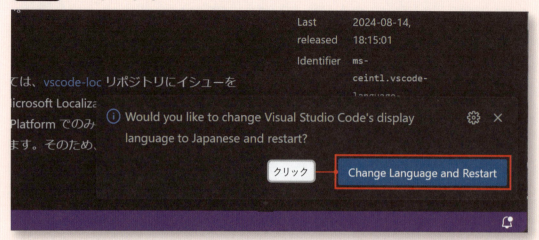

2-1-3 Visual Studio Codeについて知ろう

Visual Studio Code の画面を見てみましょう。大まかに次のような構成になっています。

図 2-1-15 Visual Studio Codeの画面構成

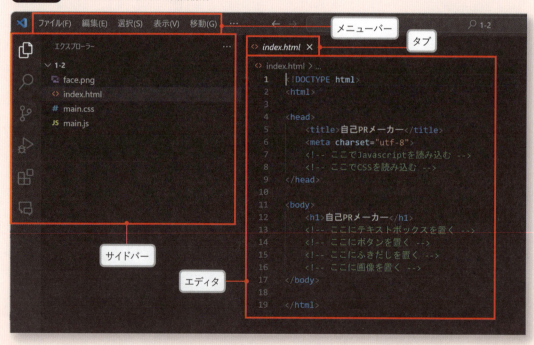

● **エディタ**

　この部分にプログラムのコードを書いていきます。プログラミング言語の文法に合わせて色が付いていますので、打ち間違いをしたときに気付きやすくなっています。

● **タブ**

複数のファイルを開いているときに切り替えることができます。

● **メニューバー**

設定など様々な機能を呼び出すことができます。

● **サイドバー**

　ファイルの一覧を確認したり、検索や拡張機能の管理をしたりすることができます。左端のサイドバーの切り替えボタンで機能を切り替えられます。サイドバーが表示されないときは、メニューバーの「表示」→「外観」→「プライマリ サイドバー」で表示の切り替えをしましょう。

SECTION

2-2 | アプリの画面を作ろう

2-2-1 プログラムの中身を覗いてみよう

　この章からは、骨組みだけ用意された下ごしらえ済みのプログラムにコードを少しずつ付け足しながらアプリケーションを完成させていきます。この先の内容を読み進めるにあたっては、ivページに記載の案内に従って、翔泳社のサイトからプログラムのファイルをダウンロードしておいてください。

1 ブラウザでどう見えるのか確認しよう

　最初の時点でプログラムの骨組みがどのように用意されているのかを確認してみましょう。ダウンロードしたファイルのうち、「2」フォルダの中の「2-2」フォルダの中の **index.html** をダブルクリックします。

図 2-2-1 index.htmlをダブルクリック

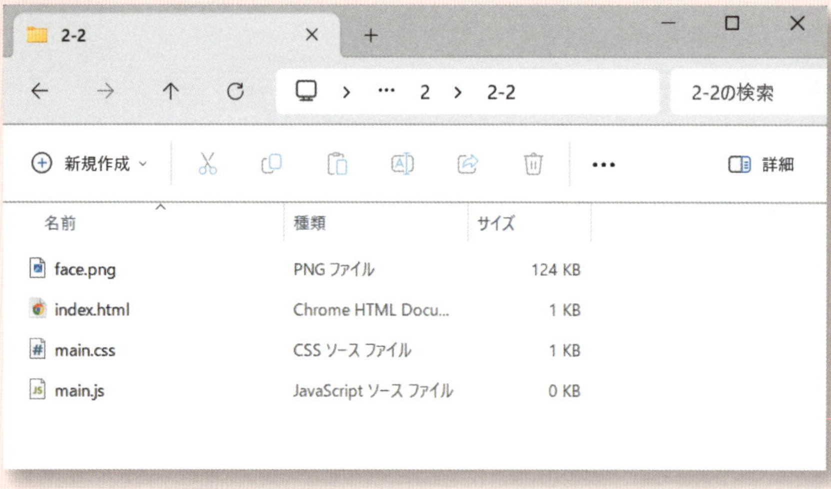

　ブラウザが立ち上がり、「**自己 PR メーカー**」という文字が表示されました。まずはここからスタートです。

38

図 2-2-2 ブラウザでの表示例

自己PRメーカー

Check Point
index.html が見つからない！

ファイルの拡張子（ドットの後に続く部分）が表示されていないために見つけられていない可能性があります。エクスプローラーの「表示ボタン」→「表示」→「ファイル名拡張子」をクリックして拡張子が表示されるようにしましょう。

Check Point
Google Chrome 以外のブラウザが立ち上がる！

Google Chrome 以外のブラウザが立ち上がる場合は、あらかじめ Google Chrome をデフォルトのブラウザに設定しておいてください。

2 コードを覗いてみよう

図 2-2-3 フォルダを開く

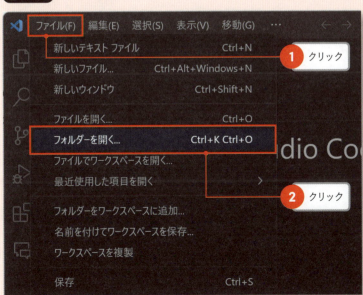

それでは中身のコードも見てみましょう。Visual Studio Code を起動して、上部のメニューバーの「ファイル」→「フォルダーを開く」を選択します。フォルダを選択するウィンドウが開くので、先ほど参照した「2-2」フォルダを選択しましょう。

するとサイドバーに 4 つのファイルが表示されます。サイドバー上で index.html をクリックしましょう。

図 2-2-4 エクスプローラー

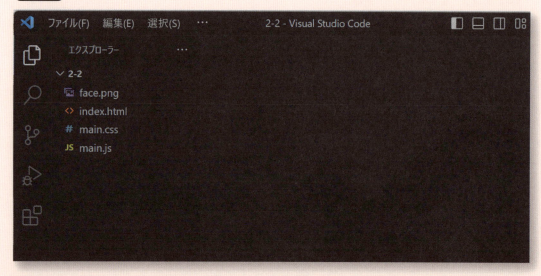

右側のエディタ部分に index.html の中身が表示されました。

図 2-2-5 エディタ

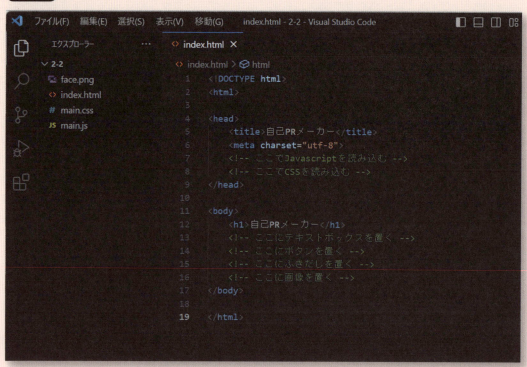

index.html というテキストファイルの中身はこのようになっています。

Code **2-2-1** index.html

```
1  <!DOCTYPE html>
2  <html>
3
4  <head>
5      <title> 自己 PR メーカー </title>
6      <meta charset="utf-8">
7      <!-- ここで JavaScript を読み込む -->
8      <!-- ここで CSS を読み込む -->
9  </head>
10
11 <body>
12     <h1> 自己 PR メーカー </h1>
13     <!-- ここにテキストボックスを置く -->
14     <!-- ここにボタンを置く -->
15     <!-- ここに吹き出しを置く -->
16     <!-- ここに画像を置く -->
17 </body>
18
19 </html>
```

第 1 章でブラウザのデベロッパーツールに入力したプログラムとはなんだか雰囲気が違いますね。実はこれは、「**HTML**」という JavaScript とは違う言語なのです。Web ブラウザ上で動く Web アプリケーションは主に、画面に表示するコンテンツの構造を記述する「HTML」、コンテンツに装飾を加える「**CSS**」、アプリケーションの動作を制御する「**JavaScript**」という 3 つの言語から構成されます。

図 2-2-6 Webページを構成するファイルの構成図

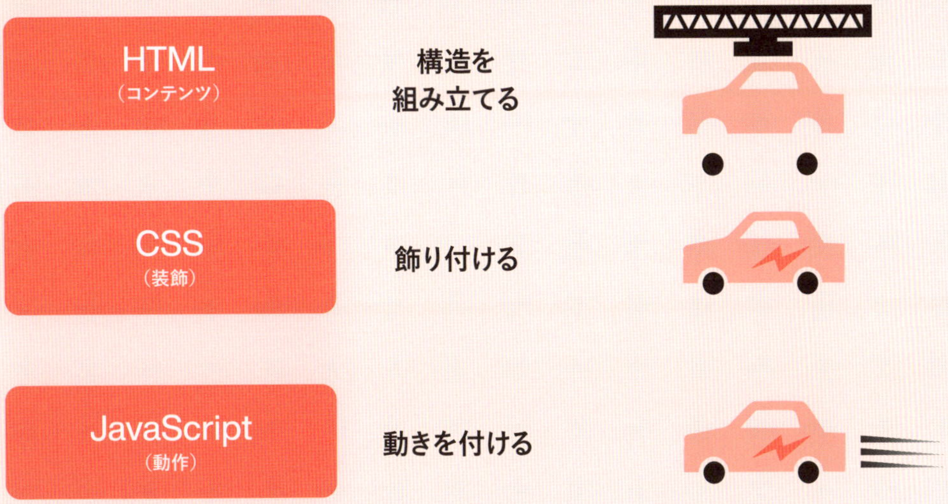

HTML
（コンテンツ）

構造を
組み立てる

CSS
（装飾）

飾り付ける

JavaScript
（動作）

動きを付ける

HTML、CSS、JavaScriptの役割分担

　HTML（HyperText Markup Language）、CSS（Cascading Style Sheets）、JavaScriptは、Webサイトを構成する3大技術です。

・**HTML**

　HTMLはWebページの構造を表現するための言語です。テキストやリンク、画像などがどのような構造で配置されるかを表現します。

・**CSS**

　CSSは、HTMLで定義された構造に装飾（**スタイル**と呼びます）を施すファイル形式です。背景色や文字色、配置など、見た目を細かく制御することができます。HTMLだけでもシンプルなWebサイトは作ることができますが、CSSを使うことでよりリッチなデザインを施すことができます。

・**JavaSctipt**

　JavaScriptは、Webページに動的な機能を加えるためのファイル形式です。ユーザーがボタンをクリックしたときに何らかの処理を実行したり、外部のサーバーと通信して追加のデータを取得したりといった様々な機能を実現します。

●HTMLとCSSとJavaScriptの関係

種類	拡張子	役割	コード例

HTML	.html	Webページの構造を表現する	`<div>`
			　`<input type="text">`
			`</div>`

CSS	.css	Webページに装飾を加える	`body{`
			　`background-color: red;`
			`}`

JavaScript	.js	Webページに動的な機能を加える	`console.log("Hello world");`

3 これから作っていく内容を確認しよう

いよいよアプリの画面を作り始めます。最終的に次のような画面を作ります。

図 2-2-7 完成形

そして今はまだこのような状態です。次のページから、足りない要素を付け足していきましょう。

図 2-2-8 足りない要素がある

2-2-2 名前を入力する欄を追加しよう

1 名前の入力欄を作ろう

まずは手始めに名前の入力欄を追加しましょう。画面に表示するためのコンテンツを用意するには、HTML を修正する必要があります。index.html にある `<!-- ここにテキストボックスを置く -->` の下に、次の 2 行のコードを書き足してください。書き足した後は忘れずにファイルの保存をしましょう。

Code 2-2-2 index.html

```
11  <body>
12      <h1>自己 PR メーカー</h1>
13      <!-- ここにテキストボックスを置く -->
14      <label for="name">お名前:</label>          ┐追加
15      <input type="text" id="name">              ┘
16      <!-- ここにボタンを置く -->
17      <!-- ここに吹き出しを置く -->
18      <!-- ここに画像を置く -->
19  </body>
```

タグって何?

タグは HTML を記述するときに使う記法です。<h1> のように、< と > で囲んで記述します。タグには開始タグと終了タグがあり、**<h1> 自己 PR メーカー </h1>** と記述した場合は「**自己 PR メーカーという文字を h1（1 番大きい見出し）で表示する**」という意味になります。<input> のように終了タグが不要な種類のタグもあります。ここで代表的なタグの概要を紹介します。詳しい使い方は実際に使いながら学びましょう。

● 代表的なタグ

名前	概要
<html>	HTML文書全体を包み込むタグ。すべての起点になる
<head>	タイトルなどのメタ情報や、追加のリソースを入れるためのタグ
<body>	画面のコンテンツを格納するためのタグ
<title>	ページのタイトルを指定するためのタグ。タイトルはブラウザのタブに表示される。<head>の中で使う
<h1>〜<h6>	見出し（Header）を表現するためのタグ。h1からh6まであり、数が小さいものほど文字サイズが大きい見出しになる
<p>	段落（Paragraph）を表現するためのタグ
<a>	リンクを貼ることができるタグ
<img>	画像（Image）を表示することができるタグ
<input>	入力ボックスを表示することができるタグ
<button>	ボタンを表示することができるタグ

2 動作確認しよう

ファイルの保存が完了したら、エクスプローラーで index.html をダブルクリックしてブラウザで開き直してみましょう。すでに「index.html」をブラウザで開いている状態であれば、画面を再読み込みしても構いません。

名前の入力欄とそのラベルが画面に表示されるようになりました。

図 2-2-9 名前欄が増えている

自己PRメーカー

お名前: ［　　　　　　］

図 2-2-10 プログラミングのサイクル

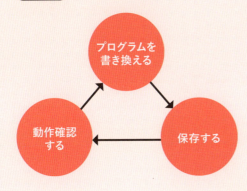

このように HTML にタグを書き足していくと画面に表示されるコンテンツを増やしていくことができます。見た目が最終形とは異なりますが、今は気にしなくて構いません。

ここで体験した「**プログラムを書き換える**」→「**保存する**」→「**動作確認する**」**というサイクル**を何度も繰り返しながら完成形に近付けていくのがプログラミングの基本的な流れです。このサイクルをこまめに繰り返す癖を付けましょう！

Check Point

ちゃんと書いたのに名前欄が表示されない！

まずは、ブラウザの更新ボタンを押してみましょう。もしかしたら変更が保存されていないのかもしれません。エディタで［Ctrl］＋［S］キーを同時押しするとファイルを保存できます。

2-2-3　他にもいろいろ追加しよう

HTML にタグを書き加えていくと画面に部品を追加していけることがわかりました。とはいえ、足りない部品はまだまだあります。どんどん追加していきましょう。

1 ボタンを置こう

それでは自己PR文を作成するためのボタンを置きましょう。`<!-- ここにボタンを置く -->` の下に以下のコードを書き加えると、ボタンが追加されます。

Code 2-2-3 index.html

```
11  <body>
12      <h1>自己PRメーカー</h1>
13      <!-- ここにテキストボックスを置く -->
14      <label for="mode">お名前:</label>
15      <input type="text" id="name">
16      <!-- ここにボタンを置く -->
17      <button id="button">自己PRする</button>   ← 追加
18      <!-- ここに吹き出しを置く -->
19      <!-- ここに画像を置く -->
20  </body>
```

書き終わったら忘れずに保存して、ブラウザで確認しましょう。テキストボックスの横にボタンが増えています。

図 2-2-11 ボタンが増えている

コメントって何？

HTMLのコードに書かれている `<!-- ここにボタンを置く -->` といった記述について気になった方も多いかも知れません。これは**コメント**と呼ばれる記述で、プログラムの挙動には直接影響を与えないメモ書きのようなものです。後でプログラムを読み返したときにコードの意図を理解しやすいように記述します。この書籍では読者の皆さんの理解を助けるためにコメントを多めに書いていますが、コードを書き写すときは省略してしまっても構いません。

HTML、JavaScript、CSSではコメントの記法が微妙に異なります。

● 言語ごとのコメント

言語	コメントの書き方
HTML	`<!-- 複数行でも書けるコメント -->`
JavaScript	`// 一行コメント` `/* 複数行でも書けるコメント */`
CSS	`/* 複数行でも書けるコメント */`

2　吹き出しを置く準備をしよう

　自己PRのテキストを表示する吹き出しは、2-3節以降で作りこんでいきます。ここでは、吹き出しを置くための準備をしましょう。**<!-- ここに吹き出しを置く -->** の下に以下のコードを書き加えます。

Code 2-2-4 index.html

```
16      <!-- ここにボタンを置く -->
17      <button id="button">自己PRする</button>
18      <!-- ここに吹き出しを置く -->
19      <div>
20          <div id="output">...</div>     ← 追加
21      </div>
22      <!-- ここに画像を置く -->
23  </body>
```

　コードを書き加えたら、ブラウザで表示を確認してみます。画面をよく見ると、名前の入力欄の下に「…」とテキストが表示されているのがわかるでしょうか。この「…」は吹き出しに入るダミーのテキストです。後に続く2-3節でこのダミーテキストを自己PRの文章に置き換え、2-4節で吹き出しの装飾を行います。

図 2-2-12 吹き出しのダミーテキストが表示されている

自己PRメーカー

お名前: [　　　　　　　] [自己PRする]
…

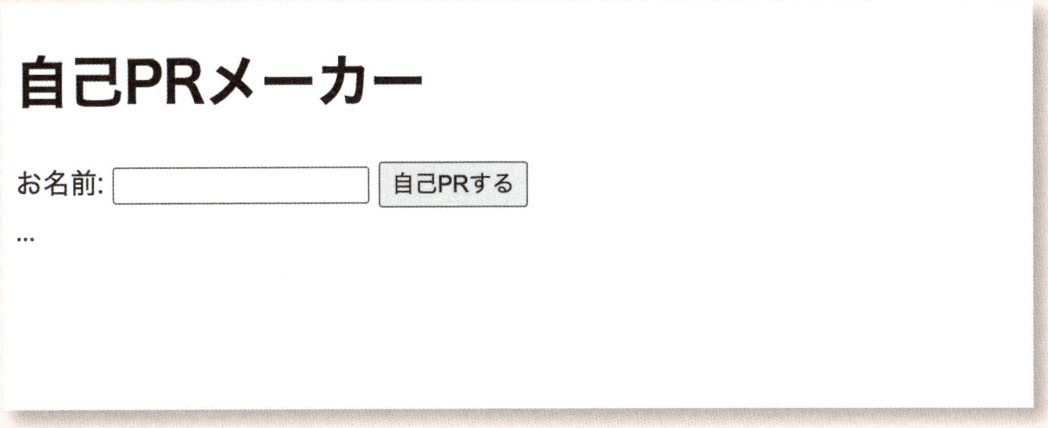

divタグとは

　Code2-2-4で追加した**divタグ**は、複数のタグを1つにまとめるためのコンテナのような役割をするタグです。複数のタグをまとめることで、CSSで同じ装飾を一度に適用できるなどの恩恵があります。

3 イラストを置こう

最後に `<!-- ここに画像を置く -->` の箇所に以下のコードを書き加えてみましょう。イラストの画像が追加されます。

Code 2-2-5 index.html

```
18      <!-- ここに吹き出しを置く -->
19      <div>
20          <div id="output">...</div>
21      </div>
22      <!-- ここに画像を置く -->
23      <img src="face.png" id="face" alt="画像" />    ← 追加
24  </body>
```

Check Point
画像が表示されない！

index.html と同じフォルダに、face.png があることを確認しましょう。

表示を確認すると、次のようにイラストが反映されています。

図 2-2-13 画像が表示されている

さてこれで画面を構成する部品がすべて揃いました。このように HTML ファイルにタグを追加していくと、画面を組み立てることができます。

imgタグ

imgタグは画像を表示するためのタグです。以下のように画像ファイルのURLを指定することで画像を表示することができます。

●imgタグ

```
1   <img src=" 画像ファイルの URL" />
```

imgタグに **alt属性** を追加すると、画像が表示できないブラウザや視覚に障害のある方に向けた補足説明を付けることができます。

●alt属性

```
1   <img src=" 画像ファイルの URL" alt=" 画像 " />
```

やった！ 画像が追加された！

ぐっとアプリらしくなったね

SECTION 2-3 自己PR文を作ろう

これまでの作業で画面の構造を HTML で作ることができました。**ここからは画面に動きを付けていきましょう。**

2-3-1 ボタンのクリックに反応させよう

前の節でボタンを配置しましたが、押してもまだ何も起きません。Web ページに動きを付けるには JavaScript を利用します。JavaScript を HTML に読み込ませる文を書き加えましょう。**<!-- ここで JavaScript を読み込む -->** の下に以下のコードを書き加えます。

Code 2-3-1 index.html

```
4    <head>
5        <title>自己PRメーカー</title>
6        <meta charset="utf-8">
7        <!-- ここで JavaScript を読み込む -->
8        <script src="./main.js" defer></script>   ●追加
9        <!-- ここで CSS を読み込む -->
10   </head>
```

上のコードは「main.js というスクリプトを読み込みます」という意味です。

scriptタグ

script タグは Web ページに JavaScript を埋め込んで動きを与えるためのタグです。Web ページに JavaScript を加えることで、ボタンを押したときに何かが起こるようにしたり、外部のサーバーと通信して新しいデータを取得したりといったことができるようになります。

●JavaScriptでHTMLを操る

main.js を読み込んで使う準備ができました。それでは main.js に JavaScript を書いていきましょう。サイドバーから main.js を開き、ボタンを押したときに簡単な処理が実行できるようにコードを書いてみましょう。

Code 2-3-2 main.js

```
1  const button = document.querySelector("#button");
2  button.addEventListener("click", function () {
3      alert("こんにちは！");
4  });
```

（2〜4行目：追加）

Code 1行目 ボタンを探す

　この行では button という ID が振られたボタンを探して、button という変数に入れています。**document.querySelector** とは HTML のタグを検索して取得する機能です。button の HTML を見てみると **<button id="button"> 自己 PR する </button>** とありますね。querySelector を使って #button を探すと id="button" が指定されたタグが手に入ります。この機能については 52 ページで詳しく解説します。

Code 2〜4行目 ボタンイベントを追加

　そしてここではボタンがクリックされたときに処理を実行するよう登録しています。**addEventListener(○○, ××)** は「○○されたときに××する」という処理を定義できる機能です。このコードでは○○の部分に「click」、××の部分に第 1 章でも登場した画面にメッセージを表示する「alert()」を記述しています。つまり、「クリックされたとき」に「メッセージを表示する」という処理を行っているわけです。

　それでは index.html をブラウザで開いて確認してみましょう。ボタンを押すとメッセージが表示されるはずです。

図 2-3-1 ボタンを押すと表示されるダイアログ

イベント

　先ほど、ボタンがクリックされたときに処理を実行するプログラムの書き方を紹介しました。このようなプログラムの仕組みを、**イベント**と呼びます。イベントとは、**ボタンのクリックやキーボードの入力など Web サイトの利用者が起こしたアクションに応じて何らかの処理を実行する仕組み**です。イベントはボタンだけでなくテキストボックスやただのラベルにも登録することができます。イベントは条件を満たすたびに何度でも実行されます。

●イベント

イベントは addEventListener を使って登録することができます。

●addEventListener

```
1    イベントを登録したい HTML 要素 .addEventListener( イベントの種類 , function () {
2        イベントで実行したい処理
3    });
```

2-3-2　あいさつを画面に表示しよう

1　メッセージを画面に表示しよう

　ボタンを押したときにメッセージが表示される機能を実装しました。しかし、現時点ではメッセージのダイアログがブラウザとは別に表示されるため、少し見づらいです。メッセージをページの中に表示できるようにプログラムを書き換えましょう。

Code `2-3-3` main.js

```
1   const button = document.querySelector("#button");
2   button.addEventListener("click", function () {
        alert("こんにちは！");              削除
3       const output = document.querySelector("#output");    追加
4       output.textContent ="こんにちは";
5   });
```

Code `3〜4行目` **IDがoutputの要素を取り出す**

この処理は、**output** という ID が振られた要素を取り出して、その要素の中身（**textContent**）に「こんにちは」という文字を入れています。

47 ページで吹き出しを置く準備を行った際、名前の入力欄の下に「…」というダミーのテキストを置いたことを覚えているでしょうか？　実はこのダミーのテキストには output という ID を設定していました。このように ID で目印を付けることで、JavaScript から HTML を修正しやすくしているのです。

画面でも確認してみましょう。ボタンを押すとあいさつがすぐ下に表示されます。小さな文字になっていますが、デザインは後のページで変更していきます。

図 2-3-2 「こんにちは」と小さな文字で表示される

自己PRメーカー

お名前: [   ] [自己PR する]
こんにちは

DOMについて

先ほど JavaScript で画面の内容を変更するためにこのようなプログラムを書きました。

●main.js

```
3    const output = document.querySelector("#output");
4    output.textContent =" こんにちは ";
```

1 行目で id が output の div を取得し、2 行目でその div の中身を「こんにちは」に書き換えています。こういった処理を **DOM 操作** と呼びます。DOM（Document Object Model）は、HTML を JavaScript から扱うための仕組みです。DOM は樹形図のようなツリー構造になっており、document.querySelector などの機能を通じて必要な部分を取得して中の構造や状態を変更できます。

●JavaScriptからHTMLを取得する

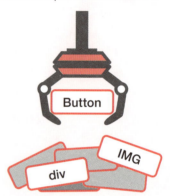

例えば、次のようなボタン要素があるとします。

●ボタン要素の例

```
1    <button id="abc"> 降車ボタン </button>
```

●ボタン要素

降車ボタン

これを JavaScript の世界から扱うには querySelector を使います。ボタンのテキストを置き換えるには textContent を上書きします。

●テキストを変更する

```
1    const button = document.querySelector("#abc);
2    button.textContent = " とまります "
```

●テキストを変更する

とまります

ボタンの色を赤にしてみましょう。

●ボタンを赤くする

```
1    button.style.backgroundColor = "red"
```

●ボタンの色を変える

とまります

querySelector で HTML の狙った箇所を取得するには、**セレクタ**という記法を使います。HTML のタグは ID や class や name といった属性を持っていて、セレクタではその属性を指定することで必要なタグを取得します。

● 代表的なセレクタ

セレクタ	説明	取得するHTMLの例
#abc	id属性がabcの要素を取得します。複数の要素に同じIDを指定するのは基本的にNGです	`<div id="abc"></div>`
.xyz	class属性がxyzの要素を取得します。クラスは複数持つことができ、同じclassを持った要素が複数存在することもあります	`<div class="xyz"></div>`
input[name="hoge"]	name属性がhogeのinput要素を取得します	`<input type="textbox" name="hoge"></input>`
.xyz #abc	class属性がxyzの要素の中にあるID属性がabcの要素を取得します	`<div id="abc"><div class="xyz"></div></div>`

2 名前を名乗ろう

あいさつを画面に表示することができました。しかし、自己 PR というからには名前を名乗らなければいけません。名前の入力欄に入れた名前を自己 PR の文の中に含めるようにしましょう。

Code **2-3-4** main.js

```
1  const button = document.querySelector("#button");
2  button.addEventListener("click", function () {
3      const name = document.querySelector("#name").value;          追加
4      const message = `こんにちは、私の名前は ${name} です。`;
5      const output = document.querySelector("#output");
   output.textContent ="こんにちは";          削除
6      output.textContent = message;          追加
7  });
```

Code 4行目 **テキストへの変数埋め込み**

自己紹介文の中に名前を埋め込んでいます。文章を囲んでいるのは「ダブルクォート（"）」でも「シングルクォート（'）」でもなく「バッククォート（`）」なので注意しましょう。

修正したコードを保存したら、ブラウザの画面を開きます。入力欄に名前を入力してから、「**自己PR する**」ボタンを押してみましょう。次のように、入力した名前が反映された文章が表示されます。

55

図 2-3-3　自己紹介する

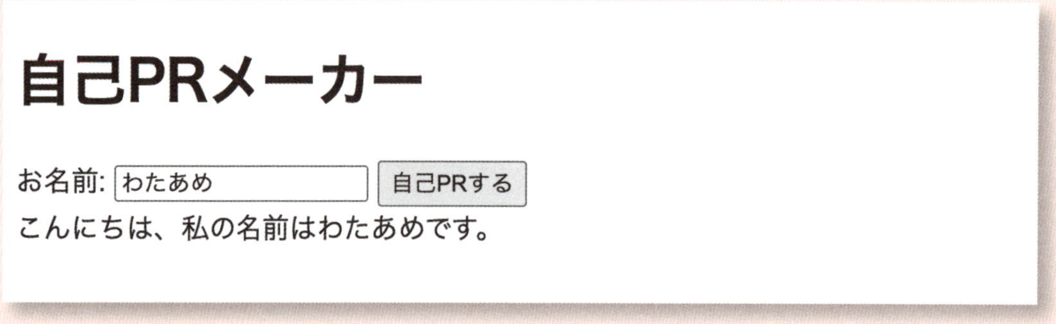

自己PRメーカー

お名前: わたあめ　　自己PRする

こんにちは、私の名前はわたあめです。

2-3-3　自己紹介文をランダムに作ろう

　ボタンをクリックすると「こんにちは、私の名前は○○です」という自己紹介を表示できるようになりました。ただこれでは少しワンパターンですね。押すたびに違う自己PR文を表示するようにしましょう。基本的な考え方は第1章のおみくじプログラムと同じです。

図 2-3-4　自己PRの流れ

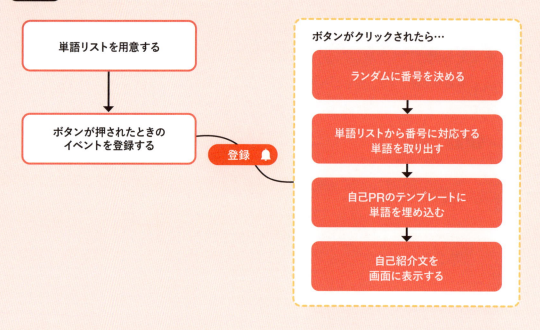

それでは main.js を次のように修正しましょう。

Code `2-3-5` main.js

```
1   const interests = ["ゲーム", "アニメ", "プログラミング"];
2   const specialties = ["寝ること", "食べること", "運動すること"];
3   const greetings = ["よろしくね", "お手柔らかに", "押忍！"];
4   const button = document.querySelector("#button");
5   button.addEventListener("click", function () {
6       const name = document.querySelector("#name").value;
7       const index1 = Math.floor(Math.random() * interests.length);
8       const index2 = Math.floor(Math.random() * specialties.length);
9       const index3 = Math.floor(Math.random() * greetings.length);
10      const interest = interests[index1];
11      const specialty = specialties[index2];
12      const greeting = greetings[index3];
        const message = `こんにちは、私の名前は${name}です。`;
13      const message = `
14      こんにちは、私の名前は${name}です。
15      最近はまっているのは${interest}で、
16      特技は${specialty}です。
17      ${greeting}`;
18      const output = document.querySelector("#output");
19      output.textContent = message;
20  });
```

- 1～3行目: 追加
- 7～12行目: 追加
- 12行目下のmessage行: 削除
- 13～17行目: 追加

Code `1～3行目` **キーワードを配列に入れる**

第1章の100年おみくじを思い出しましょう。100年おみくじでは配列の中に「大吉」や「小吉」といった運勢を表す文字列が入っていましたが、ここでは「ゲーム」「アニメ」といった自己紹介に埋め込むためのキーワードの文字列を配列に入れています。

Code `7～12行目` **配列からランダムにキーワードを取り出す**

こちらもおみくじの紙の抽選と同じことをしています。「0以上1未満のランダムな小数×選択肢の数」を計算し、小数点以下を切り捨てすることで、配列の番号をランダムに選んでいます。

Code `13～17行目` **自己紹介文を作成する**

ここでは、ランダムに選んだキーワードを自己紹介文に埋め込んでいます。

自己PRメーカーの基本的な機能ができました。それでは実行してみましょう。

図 2-3-5 ボタンを押すたびに言うことがコロコロ変わる

自己PRメーカー

お名前: [わたあめ]　[自己PRする]

こんにちは、私の名前はわたあめです。 最近はまっているのはゲームで、 特技は食べることです。 押忍！

文章が表示されたよ！

ボタンを押すたびに文章が変わるよ

SECTION 2-4 画面を飾り付けよう

　ここまで画面の構成とボタンの動きを作ることができました。ここからは画面に飾り付けをしていきましょう。見た目が変わるだけですが、それだけでぐっとアプリケーションらしさが増します。この節では「CSS」を使ってWebサイトに装飾を施します。

　装飾を加える前に、まずは現在の状態を確認しましょう。図2-4-1のような表示になっています。

図 2-4-1　現在の状態

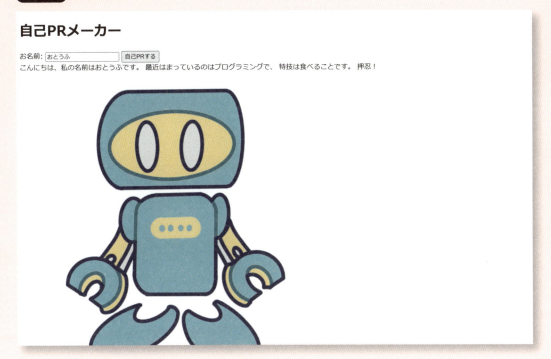

　次ページの完成形の画面と見比べてみましょう。どこに違いがあるでしょうか？

図 2-4-2　完成形

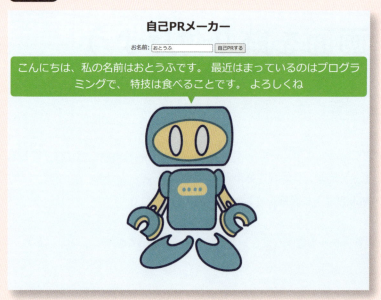

- 背景の色が違う
- 画面がやたらと左に寄っている
- イラストが大きい
- 吹き出しがなく文字が直接表示されている

違いがたくさんありますね。ひとつひとつ完成形に近付けていきましょう。

2-4-1　背景や配置を変えてみよう

1　背景の色を変えてみよう

まずは背景色を水色に変えてみます。そのために CSS ファイルを読み込みましょう。index.html の **<!-- ここで CSS を読み込む -->** の下に以下のコードを挿入してください。

Code　2-4-1　index.html

```
4   <head>
5       <title>自己 PR メーカー</title>
6       <meta charset="utf-8">
7       <!-- ここで JavaScript を読み込む -->
8       <script src="./main.js" defer></script>
9       <!-- ここで CSS を読み込む -->
10      <link rel="stylesheet" href="./main.css">   ← 追加
11  </head>
```

ここで読み込んでいる main.css の中身はこのようになっています。

Code `2-4-2` main.css

```css
1   body {
2       /* ここに全体の装飾を書く */
3   }
4
5   #face {
6       /* ここに顔の装飾を書く */
7   }
8
9   /* ここから下は吹き出しの装飾 */
10
11  .balloon {
12      position: relative;
13      font-size: 30px;
14      color: #FFFFFF;
15      background-color: #3ADF00;
16      margin-top: 10px;
17      padding: 10px;
18      border-radius: 10px;
19  }
20
21  .balloon::before {
22      content: "";
23      position: absolute;
24      bottom: -20px;
25      border-top: 20px solid #3ADF00;
26      border-left: 10px solid transparent;
27      border-right: 10px solid transparent;
28  }
```

　それでは body の中にある **/* ここに全体の装飾を書く */** の箇所に、以下のコードを差し込んでみましょう。

Code `2-4-3` main.css

```css
1   body {
2       /* ここに全体の装飾を書く */
3       background-color: aliceblue;        ●— 追加
4   }
```

61

CSSを記述すると、画面のレイアウトや背景の色や文字の大きさなどを変えることができます。このコードでは背景色を指定する **background-color** に **aliceblue** を指定しています。もしalicebuleの代わりにredと書くと画面が赤色になります。

図 2-4-3 みずみずしい背景色

自己PRメーカー

お名前: [_____] [自己PRする]

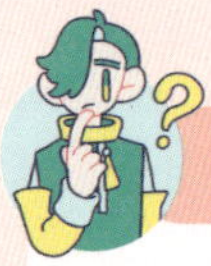

...

CSSの構造

CSSの記述は次のような構造になっています。

● CSSの構造

```
1  body {                              ← セレクタ
2      background-color : aliceblue;
3  }        ↑                ↑
       プロパティの種類    プロパティの値
```

- **セレクタ**

　セレクタは装飾を施したい対象を指定します。書き方はJavaScriptのquerySelectorと同じです。bodyと書けばページ全体にデザインが適用され、#hogeと書けばidがhogeの要素にだけ適用されます。

- **プロパティの種類**

　プロパティの種類にはbackground-color（背景色）やfont-size（文字の大きさ）など、何のパラメータを変更したいのかを指定します。

- **プロパティの値**

　プロパティの値には、変更したいパラメータの値を指定します。例えば背景色ならばredやblueなどの色を指定し、文字の大きさならば10pxなど大きさを指定します。

2 真ん中揃えにしてみよう

次はテキストや画像の位置を調整しましょう。以下のコードを追加してみてください。

Code 2-4-4 main.css

```
1  body {
2      /* ここに全体の装飾を書く */
3      background-color: aliceblue;
4      text-align: center;    ←追加
5  }
```

画面に表示されているテキストや画像が真ん中に寄りましたね。**text-align**（日本語でいうと「文字の整列」の意味）に **center** を指定すると中央に寄ります。left なら左に、right なら右に寄ります。

図 2-4-4 要素が中央揃いになる

3 画像のサイズを調整しよう

今度は画像の大きさを調整します。今のままでは少し大きすぎるので、以下のコードを追加しましょう。

Code 2-4-5 main.css

```
7   #face {
8       /* ここに顔の装飾を書く */
9       width: 500px;    ←追加
10  }
```

width（幅）に 500px を指定しました。500px はドット 500 個分です。ブラウザで表示を確認してみましょう。かわいらしい大きさになりましたね。

図 2-4-5　かわいらしいサイズの画像

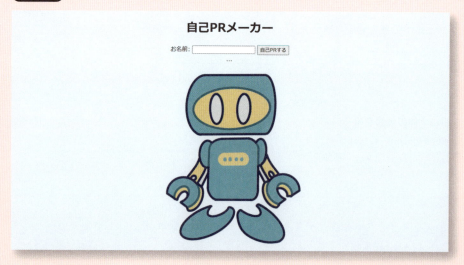

2-4-2　吹き出しを飾り付けよう

最後に仕上げです。セリフをちゃんと吹き出しらしくしましょう。吹き出しの CSS は以下の通りです。ダウンロードしたサンプルファイルに必要な内容はすでに全部書いてあります。

Code 2-4-6　main.css

```css
12  /* ここから下は吹き出しの装飾 */
13
14  .balloon {
15      position: relative;
16      font-size: 30px;
17      color: #FFFFFF;
18      background-color: #3ADF00;
19      margin-top: 10px;
20      padding: 10px;
21      border-radius: 10px;
22  }
23
24  .balloon::before {
25      content: "";
26      position: absolute;
27      bottom: -20px;
28      border-top: 20px solid #3ADF00;
29      border-left: 10px solid transparent;
30      border-right: 10px solid transparent;
31  }
```

でもおかしいですね。CSS はきちんと書いてあるのに、まだ吹き出しのデザインが適用されていません。何が足りないのでしょうか。

図 2-4-6 吹き出しらしい吹き出しがない

自己PRメーカー

お名前: [   ] [自己PRする]

...

吹き出しにIDを振ろう

CSS は先頭に装飾を施したい対象をセレクタとして指定します。例えば、HTML 上の <body> 要素に装飾を施したい場合は、次のように CSS を記述します。

Code 2-4-7 body要素の装飾の指定

```
1  body{
2      CSS の記述
3  }
```

セレクタの指定方法には次のようなものがあります。

表 2-4-1 セレクタの指定方法

セレクタ	概要
body{...}	<body></body>に装飾が適用されます
#face{...}	id="face"が指定された要素に装飾が適用されます
.balloon{...}	class="balloon"が指定された要素に装飾が適用されます

Code2-4-6 の CSS ではセレクタに「**.balloon**」が指定されています。つまり、**class="balloon"** が指定された要素に装飾が適用されるということです。しかし、HTML の中には balloon という文字がどこにも見当たりません。

index.html の以下の部分を書き換えましょう。

65

Code 2-4-8 index.html

```
21    <div class="balloon">     ← 修正
22        <div id="output">...</div>
23    </div>
```

ブラウザで改めて表示を確認してみましょう。自己紹介文を表示する吹き出しが綺麗に表示されていれば完成です。

図 2-4-7　漫画のようなツノのある吹き出し

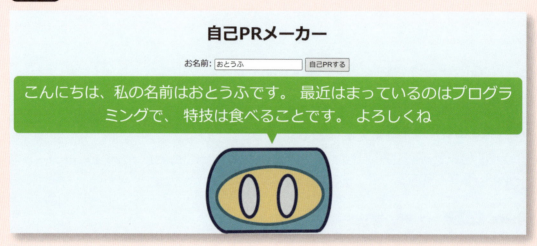

SECTION 2-5 改造してみよう

前の節までで自己 PR メーカーはひとまず完成ですが、余力のある人は**アプリの改造**にもチャレンジしてみましょう。自分だけのオリジナルのアプリケーションを作ることができます。

2-5-1 単語のバリエーションを増やそう

index.js で配列を定義している箇所がありました。配列の中身を書き換えたり追加したりしてボキャブラリーをもっと豊かにしてみましょう。

Code 2-5-1 main.js

```
1   const interests = ["ゲーム", "アニメ", "プログラミング"];
2   const specialties = ["寝ること", "食べること", "運動すること"];
3   const greetings = ["よろしくね", "お手柔らかに", "押忍！"];
```

新しい項目を追加する

2-5-2 文章も自分独自に書き換えよう

もっと個性を出すには文章の構造にも手を入れましょう。${ 変数名 } で他の変数を埋め込むこともできます。自分なりの自己紹介文を完成させてください。

Code 2-5-2 main.js

```
13   const message = `
14    こんにちは、私の名前は ${name} です。
15    最近はまっているのは ${interest} で、
16    特技は ${specialty} です。
17    ${greeting}`;
```

新しい埋め込み変数を定義したり、テキストを変更したりする

67

2-5-3 イラストを差し替えよう

face.png のイラストを差し替えることもできます。任意の画像ファイルを同じフォルダの中に保存して、コード中のファイル名を修正しましょう。

Code 2-5-3 index.html

```
25  <img src="face.png" id="face" alt="画像" />
```
→ 任意の画像のファイル名に修正する

さらに、下のコードを index.js の中で実行することでも画像を差し替えることができます。いろいろ応用ができそうですね。

Code 2-5-4 画像を差し替える

```
1  const face = document.querySelector("#face");
2  face.src = " 画像のファイル名 ";
```

自分だけのアプリに改造してみよう！

Chapter 3

AIがあなたにおもてなし「接待○×ゲーム」

Chapter 3

AIがあなたにおもてなし

この章で作成するアプリ

この章で作るものは○×ゲームです。ただの○×ゲームではありません。
対戦相手はなんと、手心を加えてあなたを勝たせようとしてくれる優しいAIです。
相手が手を抜いていたとしても勝利とは気持ちのよいものです。

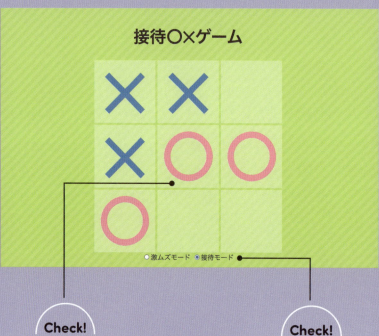

Check!

AIがあなたを接待

AIと一緒に○×ゲームをプレイ。対戦相手のAIは必ず負けてくれます。

Check!

モード切り替え機能

「接待モード」と「激ムズモード」をボタンで切り替えて遊ぶことができます。

Roadmap
ロードマップ

SECTION 3-1 ゲーム画面を作ろう ▶P072 — まずは見た目から作ろう！

SECTION 3-2 プレーンな○×ゲームを作ろう ▶P079 — 通常の遊び方をしよう

SECTION 3-3 AIと対戦しよう ▶P095 — 対戦相手が登場だ！

SECTION 3-4 接待モードを用意しよう ▶P102 — 勝つことは気持ちがいい！ FIN

Chapter 3

Point
— この章で学ぶこと —

- ☑ divを並べてマス目を作る！
- ☑ 「配列」を組み合わせてゲームの状態を管理する！
- ☑ 「ライブラリ」で複雑な処理を気軽に実装する！

Go to the next page!

71

SECTION

3-1 | ゲーム画面を作ろう

第 3 章で作るアプリは、「**接待○×ゲーム**」です。○×ゲームは、3 × 3 のマス目に 2 人のプレイヤーが交互に「○」と「×」のマークを書き込んでいき、どちらが先に縦・横・斜めのいずれかの列に同じマークを 3 つ連続で並べられるかを競うゲームです。

この章ではその○×ゲームを「画面を用意する」→「手動で対局できる○×ゲームを作る」→「コンピュータと対戦できる○×ゲームを作る」→「接待してくれる○×ゲームを作る」という 4 つの段階に分けて完成させていきます。

まずはアプリの画面を作りましょう。ダウンロードファイルに下ごしらえ済みのファイルを用意しているので、そちらを使用します。第 2 章の 39 ページと同様の手順で、ダウンロードファイルの「3」フォルダの中の「3-1」フォルダを VSCode で開いてください。

3-1-1 ざっくり全体像を確認しよう

第 2 章と同じく、まずはファイルを確認しましょう。「3-1」フォルダには 4 つのファイルが入っています。

表 3-1-1 下ごしらえ済みのファイル

ファイル名	概要
index.html	○×ゲームアプリの画面の構造にあたるHTML
main.css	○×ゲームアプリの画面の装飾にあたるCSS
main.js	○×ゲームアプリの動作にあたるJavaScript
ai.js	○×ゲームアプリの接待モードに使用する思考エンジンのJavaScript

まずは画面の作成に必要な index.html と main.css の中身を覗いてみましょう。

Code **3-1-1** index.html

```html
1   <!DOCTYPE html>
2
3   <html>
4
5   <head>
6       <title>接待〇×ゲーム</title>
7       <meta charset="utf-8">
8       <script src="./main.js" defer></script>
9       <link rel="stylesheet" href="./main.css">
10  </head>
11
12  <body>
13      <div id="back" class="hard">
14          <h1>接待〇×ゲーム</h1>
15          <!-- ここにマス目を置く -->
16          <div id="message"></div>
17      </div>
18  </body>
19
20  </html>
```

Code **3-1-2** main.css

```css
1   body {
2       margin: 0;
3       font-family: sans-serif;
4   }
5
6   #back {
7       height: 100vh;
8       width: 100vw;
9       display: grid;
10      place-content: center;
11      place-items: center;
12  }
13
14  #message {
15      position: absolute;
16      top: 50%;
17      left: 50%;
18      transform: translate(-50%, -50%);
19      font-size: 90px;
20      font-weight: bold;
```

```css
21      pointer-events: none;
22    }
23
24    .hard {
25      background-color: #ffb366;
26      background-image:
27          repeating-linear-gradient(-45deg, #fcc351, #fcc351 8px, transparent 0, transparent 16px);
28    }
29
30    .easy {
31      background-color: #d1ff66;
32      background-image:
33          repeating-linear-gradient(-45deg, #c9fc51, #c9fc51 8px, transparent 0, transparent 16px);
34    }
35
36    h1 {
37      font-size: 40px;
38      font-weight: bold;
39    }
40
41    #game {
42      display: grid;
43      grid-template-rows: repeat(3, 150px);
44      grid-template-columns: repeat(3, 150px);
45      grid-gap: 5px;
46    }
47
48    .cell {
49      font-size: 130px;
50      font-weight: bold;
51      user-select: none;
52      display: flex;
53      align-items: center;
54      justify-content: center;
55      background-color: #ffffff55;
56      backdrop-filter: blur(3px);
57    }
58
59    .o {
60      color: #f48fb1;
61    }
62
63    .x {
64      color: #2196f3;
65    }
```

現時点の index.html をブラウザで開くと、次のような表示になります。

図 3-1-1 現在の画面

最終的に図 3-1-2 のような画面になるように、ファイルを修正していきます。

図 3-1-2 完成図

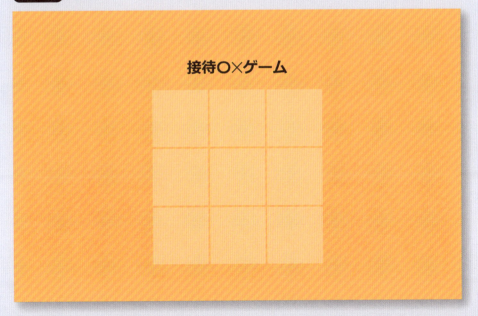

それでは、現在の画面と完成図を見比べてみましょう。現在の画面ではアプリのタイトルや背景の模様は表示されていますが、**肝心の○と×のマークを描き込むマス目がありません**。まずは 3 × 3 のマス目を配置していきましょう。

3-1-2 マス目を用意しよう

それでは〇と×のマークを描き込むためのマス目を画面上に表示してみましょう。index.html の **<!-- ここにマス目を置く -->** の行の下に、次のコードを書きます。

Code **3-1-3** index.html

```
14        <h1> 接待〇×ゲーム </h1>
15        <!-- ここにマス目を置く -->
16        <div id="game">
17            <div id="cell_0_0" class="cell"></div>
18            <div id="cell_0_1" class="cell"></div>
19            <div id="cell_0_2" class="cell"></div>
20            <div id="cell_1_0" class="cell"></div>
21            <div id="cell_1_1" class="cell"></div>
22            <div id="cell_1_2" class="cell"></div>
23            <div id="cell_2_0" class="cell"></div>
24            <div id="cell_2_1" class="cell"></div>
25            <div id="cell_2_2" class="cell"></div>
26        </div>
27        <div id="message"></div>
```

追加

さっそくブラウザで見てみます。コードを追加しただけで、マス目が完成していますね。

図 3-1-3 マス目を加えた状態

それっぽく
なったね!

これはどういうことでしょうか。縦に div を 9 個並べただけで、3 × 3 のマス目が完成しました。このカラクリは main.css にあります。

Code 3-1-4 main.css

```
41  #game {
42      display: grid;
43      grid-template-rows: repeat(3, 150px);
44      grid-template-columns: repeat(3, 150px);
45      grid-gap: 5px;
46  }
```

9 個の div を 3 × 3 のマス目として表示できている仕掛けは、この部分にあります。外側の div に **display: grid;** を指定して、さらに **grid-template-rows: repeat(3, 150px);** と **grid-template-columns: repeat(3, 150px);** で行（row）が 3 つ、列（col）が 3 つ、それぞれ 150px になるように指定しています。マス目とマス目の間の隙間は **grid-gap: 5px;** で指定されています。

grid-template-rows は行の数、**grid-template-columns** は列の数を制御する CSS の機能で、実際の画面に当てはめてみると次のようなイメージになります。9 個並んだ div 要素を 3 個単位で折り返して 3 × 3 の盤面を作っています。

図 3-1-4 display:gridによる配置

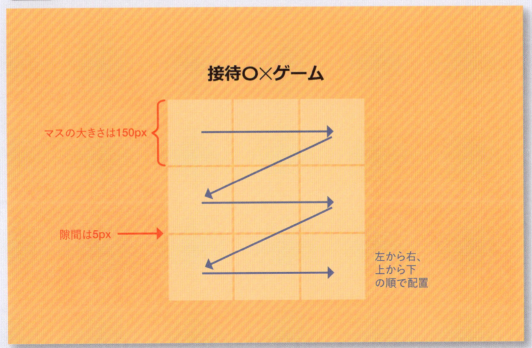

displayプロパティによる配置

CSS の **display プロパティ**を使うと、要素をいろいろな形で配置することができます。

●displayプロパティの種類

プロパティ	概要	配置
display:inline;	要素を文章の中に配置する	●文中の猫 これはinline-blockです　　　文中に表示されます。
display:block;	要素を独立したブロックとして配置する	●文章とは独立して表示される猫 これはblockです 文とは別に表示されます。
display:none;	要素を非表示にする	
display:flex;	要素を縦か横に柔軟に並べる	●横並びの猫 これはflexです。縦か横に並べることができます。
display:grid;	要素をマス目のように横と縦に並べる	●マス目状に並んだ猫 これはgridです。マス目状に並べることができます。

SECTION 3-2 | プレーンな○×ゲームを作ろう

この章では最終目標として、対戦するコンピュータが必ず勝ちを譲ってくれる接待○×ゲームを作ります。その前に、まずはプレイヤーが一人二役で、○と×を交互に自分で配置するセルフサービスの○×ゲームを作っていきましょう。

3-2-1 ○×ゲームに必要な要素を確認しよう

プログラムを書いていく前に、○×ゲームに必要な要素を確認します。このゲームで「**プレイヤーがすること**」と「**プログラムがすること**」を整理しましょう。

- **プレイヤーがすること**
  マス目上で○か×を置きたい場所をクリックする
- **プログラムがすること**
  プレイヤーがマス目をクリックするのを監視する
  クリックされたら○か×を表示する
  ○か×が置かれた後に勝敗判定をする
  もし勝敗がついていなければターンを切り替える
  勝敗が決まったら画面に勝者を表示する

このように整理してみると、プログラム側で様々な処理を行う必要があることがわかります。
また、プログラムに必要な処理をさせるためには、いくつか「**記録しておくべきデータ**」があります。

- **記録しておくべきデータ**
  マス目
  現在のターン
  現在の勝敗

マス目はデータを配列として用意しておいて、どのマスに○と×が置かれたかを記録しておくと、マス目の表示やゲームの勝敗判定に便利です。そして、現在のターンが○と×のどちらか、また勝敗がついているのかどうかも、記録しておく必要があります。

今回作成するゲームの流れは、図 3-2-1 のようになります。

図 3-2-1 フロー図

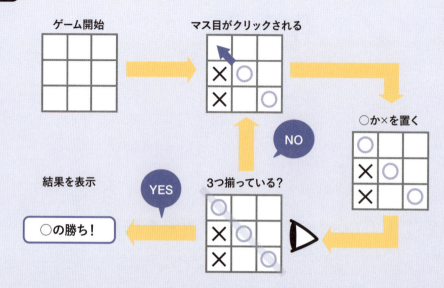

それでは、先ほど整理したプログラムの処理を実際に作っていきましょう。ここからは、下ごしらえ済みのファイルのうち、**main.js** にコードを追加していきます。まずは現在の main.js の中身を覗いてみましょう。関数（function）の中身が空っぽになっています。この中身のコードを書いていきましょう。

Code 3-2-1 main.js

```
1   // ゲームの状態
2   const CONTINUE = null;   // まだ決着がついていない
3   const WIN_PLAYER_1 = 1;  // ○の勝ち
4   const WIN_PLAYER_2 = -1; // ×の勝ち
5   const DRAW_GAME = 0;     // 引き分け
6
7   // セルをクリックしたときのイベントを登録
8   for (let row = 0; row < 3; row++) {
9       for (let col = 0; col < 3; col++) {
10          const cell = document.querySelector(`#cell_${row}_${col}`);
11          cell.addEventListener("click", () => {
12              if (result !== CONTINUE) {
13                  window.location.reload(true);   // 決着がついた後にクリックしたらリロード
14              }
15              putMark(row, col);  // ○か×を置く
16              turn = turn * -1;
17              check();  // ゲームの状態を確認
18          });
```

```
19      }
20  }
21
22  // ○か×を置く
23  function putMark(row, col) {
24
25  }
26
27  // ゲームの状態を確認
28  function check() {
29
30  }
31
32  // 勝敗を判定する処理
33  function judge(_cells) {
34
35  }
```

3-2-2 データを定義しよう

先ほど、記録しておくべきデータがあることを紹介しました。これらのデータをプログラムの中で利用できるように変数を宣言しましょう。必要なデータは以下の3つでしたね。

表 3-2-1 必要なデータ

データ	概要
マス目	3×3の9マスのデータ。1つのマスには空白、○、×の3通りが入る
現在のターン	○のターンか×のターンか2通りの状態がある
現在の勝敗	「勝ち」「負け」「引き分け」「まだ決着がついていない」の4つの状態がある

これらのデータを定義するために、main.js に次のコードを書き加えましょう。

Code **3-2-2** main.js

```javascript
1    // ゲームの状態
2    const CONTINUE = null; // まだ決着がついていない
3    const WIN_PLAYER_1 = 1; // ○の勝ち
4    const WIN_PLAYER_2 = -1; // ×の勝ち
5    const DRAW_GAME = 0; // 引き分け
6
7    const cells = [ // 空なら0、○なら1、×なら-1
8        [0, 0, 0],
9        [0, 0, 0],
10       [0, 0, 0],
11   ]
12   let turn = 1; // ○の番なら1、×の番なら-1
13   let result = CONTINUE;
14
15   // セルをクリックしたときのイベントを登録
16   for (let row = 0; row < 3; row++) {
```

追加

Code 7～11行目 **盤面の状態**

cells には「**配列の配列（二次元配列）**」を保存しています。数字が3つ入る配列が、別の配列に3つ入っている入れ子構造です。空っぽのマスには0が、○のマスには1が、×のマスには-1が入ります。constで宣言しているので、この変数を丸ごと上書きすることはできません（ただし配列に格納されている値は変更できます）。

Code 12行目 **先手 or 後手**

turn は、1と-1のどちらかの状態が入る変数です。1が○のターンであることを、-1が×のターンであることを表しています。letで宣言しているので、この変数は後で上書きできます。

Code 13行目 **勝敗**

result には最初 **CONTINUE** が入っていますが、これはゲームの結果によって次の4つの状態に変化します。数字だけで管理してもよいのですが、名前を付けておいたほうがわかりやすいでしょう。この数字は変わることがないのでconstで宣言しています。

- CONTINUE …………… まだ決着がついていない
- WIN_PLAYER_1 …… ○の勝ち
- WIN_PLAYER_2 …… ×の勝ち
- DRAW_GAME ……… 引き分け

二次元配列って何？

配列の中に配列が入っているものを**二次元配列**と呼びます。x軸とy軸の二次元の座標を表すときに便利です。配列の中に値を格納するには、**cells[行番号][列番号]**のように指定します。例えば、**cells[2][1] = 1**というように格納すると、配列の中身は下のようになります。

●二次元配列の例

```
1  const cells = [
2      [0, 0, 0],
3      [0, 0, 0],
4      [0, 1, 0],
5  ]
```

配列を配列に入れると二次元配列ですが、二次元配列を配列に入れて三次元配列にすることもできます。二次元以上の配列を**多次元配列**と呼びます。

●いろいろな配列

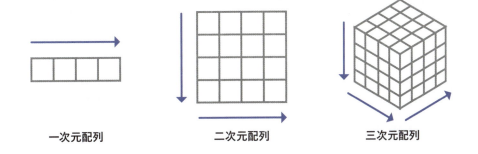

一次元配列　　　　　二次元配列　　　　　三次元配列

3-2-3 ○と×を置けるようにしよう

それではいよいよ、マス目に○と×のマークを置いていきましょう。処理は、関数として用意します。関数の名前はここでは「**putMark**」としておきます。この putMark 関数で行う処理を図で表すとこのような形になります。

図 3-2-2 putMark関数

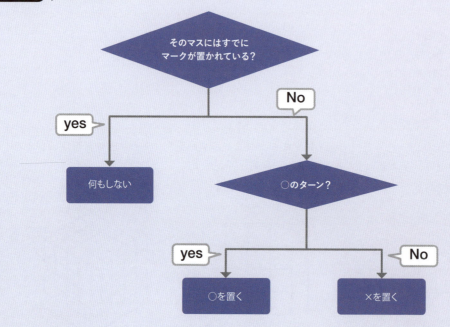

function putMark(){ ～ } の中に以下のコードを書き加えましょう。

Code **3-2-3** main.js

```javascript
30  // ○か×を置く
31  function putMark(row, col) {
32      const cell = document.querySelector(`#cell_${row}_${col}`);
33      if (turn === 1) {
34          cell.textContent = " ○ ";
35          cell.classList.add("o");
36          cells[row][col] = 1;
37      } else {
38          cell.textContent = " × ";
39          cell.classList.add("x");
40          cells[row][col] = -1;
41      }
42  }
```
追加

Code `32行目` **クリックされたdivを取得**

ここではクリックされた場所を取得しています。row と col にはどの行、どの列がクリックされたかの番号が入っています。例えば、1 行目の 2 列目の場合、#cell_${row}_${col} は cell_0_1 になり、1 行目の 2 列目（ただし 0 番目からカウント）にある <div id="cell_0_1" class="cell"></div> を取得することになります。

図 3-2-3 IDが振られたマス目

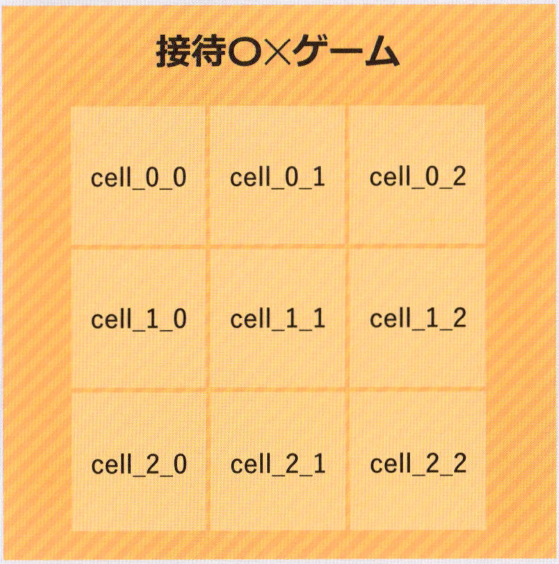

接待〇×ゲーム

cell_0_0	cell_0_1	cell_0_2
cell_1_0	cell_1_1	cell_1_2
cell_2_0	cell_2_1	cell_2_2

Code `33行目` **先手か後手を判断**

turn が 1 のときは〇、それ以外（-1）のときは×の手番です。

Code `34行目` **〇をセット**

クリックした div に〇という文字を入れています。

Code `35行目` **色付け**

〇か×かで文字の色を変えたいので、o（アルファベットのオー）というクラスを指定しています。×の場合は x（アルファベットのエックス）です。o には文字が赤になる CSS、x には文字が青になる CSS が適用されます。

Code `36行目` **勝敗判定用に記録**

勝敗判定用の二次元配列に〇なら 1 を、×なら -1 を入れています。

それではブラウザで確認して実際にセルをクリックしてみましょう。○と×を交互に置けるようになりました。

図 3-2-4 マークを交互に置けるようになった

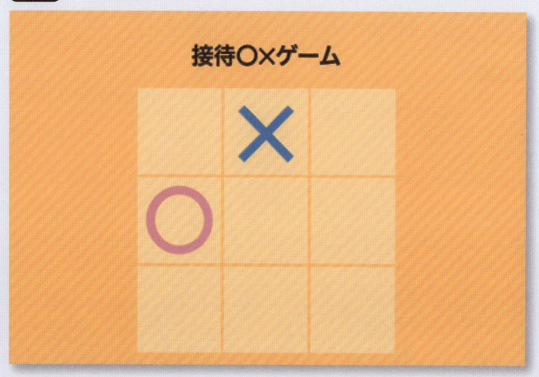

ただし、おかしいところが1点あります。このままでは**すでにマークが置かれたマスに上書きができてしまう**のです。それはそれで別のゲームとして面白くなるかもしれませんが、今回はできないようにしましょう。まだ○も×も置かれていない（0が入っている）マス目のときだけputMarkを呼び出すように書き換えます。

Code 3-2-4 main.js

```
19      cell.addEventListener("click", () => {
20          if (result !== CONTINUE) {
21              window.location.reload(true); // 決着がついた後にクリックしたらリロード
22          }
23          if (cells[row][col] === 0) { // 置けるかどうかの判定   追加
24              putMark(row, col); // ○か×を置く
25              turn = turn * -1;                              インデントを追加
26              check(); // ゲームの状態を確認
27          }   追加
28      });
```

3-2-4 勝敗を判定しよう

クリックして○と×とを置けるようになりました。このままでも遊ぶことはできますが、勝敗の判定ができていません。○か×のどちらかが3つ揃ったときに、勝敗が画面に表示されるようにしましょう。

勝敗の判定に必要な処理をリストアップしてみましょう。

- マス目を縦方向、横方向、斜め方向で確認して、○もしくは×の数を数える
- ○もしくは×が3つあるラインがあれば決着がついた状態と判断する
- ○もしくは×が3つあるラインがない状態で、かつマスが全部埋まっていれば引き分けと判断する
- 勝ちでも負けでも引き分けでもなければゲーム継続中と判断する

それでは function judge(_cells) {〜} の中に処理を書き足していきましょう。下図のような処理を実装します。

図 3-2-5 これから作る部分

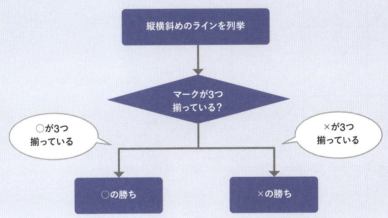

1 マス目を確認する

まずは「**マス目の中を縦方向、横方向、斜め方向に確認して、○もしくは×の数を数える**」ために、調べる必要があるラインをリストアップして配列に格納します。

Code 3-2-5 main.js

```
51  // 勝敗を判定する処理
52  function judge(_cells) {
53      // 調べる必要があるラインをリストアップ
54      const lines = [
55          // 横をチェック
56          [_cells[0][0], _cells[0][1], _cells[0][2]],    ● Aのライン
```
追加

```
57          [_cells[1][0], _cells[1][1], _cells[1][2]],    ●── Bのライン
58          [_cells[2][0], _cells[2][1], _cells[2][2]],    ●── Cのライン
59          // 縦をチェック
60          [_cells[0][0], _cells[1][0], _cells[2][0]],    ●── Dのライン
61          [_cells[0][1], _cells[1][1], _cells[2][1]],    ●── Eのライン
62          [_cells[0][2], _cells[1][2], _cells[2][2]],    ●── Fのライン
63          // 斜めをチェック
64          [_cells[0][0], _cells[1][1], _cells[2][2]],    ●── Gのライン
65          [_cells[0][2], _cells[1][1], _cells[2][0]],    ●── Hのライン
66      ];
67  }
```

図 3-2-6 チェックが必要なライン

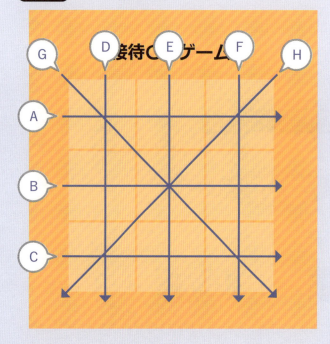

2 勝敗を判断する

　調べるラインは用意できたので、今度は「**○もしくは×が３つあるラインがあれば決着がついた状態と判断する**」ために、中の数字を足し算していきます。○のマスには「1」が、×のマスには「-1」が入っています。ということは、「3」が入っていれば○の勝ち、「-3」が入っていれば×の勝ちと判断できます。勝敗判定の処理を追加しましょう。

Code 3-2-6 main.js

```javascript
51  // 勝敗を判定する処理
52  function judge(_cells) {
53      // 調べる必要があるラインをリストアップ
```

```javascript
63          // 斜めをチェック
64          [_cells[0][0], _cells[1][1], _cells[2][2]],
65          [_cells[0][2], _cells[1][1], _cells[2][0]],
66      ];
67      // 勝ち負けチェック
68      for (let line of lines) {
69          const sum = line[0] + line[1] + line[2];
70          if (sum === 3) {
71              return WIN_PLAYER_1;
72          }
73          if (sum === -3) {
74              return WIN_PLAYER_2;
75          }
76      }
77  }
```

追加

Code 68行目 **チェックするラインをループ**

先ほどリストアップしたラインをループしてすべてチェックしていきます。

Code 69行目 **点数計算**

縦横斜めの3マスを表す変数 **line** には、マス目に何がセットされているかが入っています。○なら1、×なら -1、空っぽなら0が入っています。これを足し算します。

Code 70〜75行目 **勝敗判定**

先ほどの足し算結果には、もし○が3つ並んでいたら1 + 1 + 1 = 3、×が3つ並んでいたら(-1) + (-1) + (-1) = -3 が入っているはずです。つまり3になっていたら○の勝ち、-3になっていたら×の勝ちといえます。

89

〇と×、1と-1

　この章のプログラムでは〇を1、×を-1として扱っています。余談ですがこれには2つ理由があります。1つはターンの切り替えを簡単にするためです。もしターンの管理が1と-1ではなく0と1だった場合、ターンの切り替えに「turnが0であれば、turnに1を代入する」「turnが1であれば、turnに0を代入する」の2つの分岐を書かなくてはなりません。

●0と1でターンを管理する場合のコード

```
1  // もし0と1を使った場合の例
2  if (turn === 0) {
3    turn = 1;
4  } else if (turn === 1){
5    turn = 0;
6  }
```

　1と-1で管理すれば、「今のターンがどちらか」を気にする必要がなく、ただ「-1をかける」だけのシンプルなものにできるのです。

●ターンの切り替え

```
1  turn = turn * -1;
```

　もう1つの理由は、縦横斜めが3つ揃っているかの判定を楽にするためです。1と-1で管理すれば、同じ記号が3つ揃っているかどうかを単純な足し算だけで管理できるのです。

●main.js

```
69  const sum = line[0] + line[1] + line[2];
```

　こういった小さな工夫もプログラミングの楽しさのひとつですね。

3 引き分けを判断する

　もう1つ忘れてはいけないことがあります。ゲームの決着には「勝ち」と「負け」だけでなく「**引き分け**」もあります。全部のマスが埋まっても決着がついていなければ引き分けとしたいところですが、どう判定すればよいでしょうか。これは逆に考えればいいのです。0のマスが1個でもあればゲーム継続中、そうでなければ引き分けといえます。

Code `3-2-7` main.js

```js
67      // 勝ち負けチェック
68      for (let line of lines) {
69          const sum = line[0] + line[1] + line[2];
70          if (sum === 3) { //
71              return WIN_PLAYER_1;
72          }
73          if (sum === -3) {
74              return WIN_PLAYER_2;
75          }
76      }
77      // 継続チェック
78      for (let row = 0; row < 3; row++) {
79          for (let col = 0; col < 3; col++) {
80              if (_cells[row][col] === 0) {
81                  return CONTINUE;
82              }
83          }
84      }
85      return DRAW_GAME;
86  }
```

追加（77〜85行目）

Code `78～79行目` **1行と列のループ**

0のマスが残っていないか確認するために、まず3つある行をループして、さらにその中で3つある列をループしてすべてのマスを調べています。

Code `80行目` **未配置チェック**

0（未配置）のマスが1つでもあれば「ゲーム継続中」と判断して処理を中断します。

Code `85行目` **引き分け**

すべてのマスをチェックして0のマスが1つも存在しなかった場合は、途中で処理が中断されず最後の行まで到達します。ここまで来たということは、すべてのマスが埋まっているため、引き分けとなります。

return文って何?

処理の途中で **return** と書くと関数を途中で中断することができます。また、関数の呼び出し元に結果を渡すことができます。2つの数字を足した結果を返す add 関数の例を見てみましょう。

●return文の例

```
1  // 渡された 2 つの数字の足し算をする関数
2  function add(a,b){
3      const c = a + b;
4      return c;
5  }
6
7  // 足し算関数に 40 と 2 を渡す
8  const d = add(40,2);
9  // 結果を表示すると 42 と表示される
10 alert(d);
```

勝敗を判定する judge 関数が完成したので、それを使って画面に結果を表示する **check** 関数を書いていきます。

図 3-2-7　これから作る部分

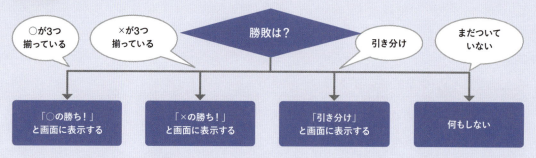

状態は「○の勝ち」「×の勝ち」「引き分け」「継続中」の 4 つあります。継続中の場合は何もする必要がありませんが、それ以外の場合には画面に結果を表示しましょう。if 文を使って分岐を書くこともできますが、3 つ以上の状態に応じて処理を切り替えるには **switch 文** が便利です。

Code 3-2-8 main.js

```
46  // ゲームの状態を確認
47  function check() {
48      result = judge(cells);
49      const message = document.querySelector("#message");
50      switch (result) {
51          case WIN_PLAYER_1:
52              message.textContent = " 〇の勝ち！";
53              break;
54          case WIN_PLAYER_2:
55              message.textContent = " ×の勝ち！";
56              break;
57          case DRAW_GAME:
58              message.textContent = " 引き分け！";
59              break;
60      }
61  }
```

追加

　コードを追加したら、ブラウザでindex.htmlを開いて、動作を確認してみましょう。以下の機能が確認できれば、正しく動作しています。

- マス目をクリックすると〇と×が交互に配置される
- 〇が3つ並ぶと〇の勝ちになる
- 〇の勝ちでも×の勝ちでもないまますべてのマスが埋まると引き分けになる

これでシンプルな〇×ゲームは完成だね！

ここからはAIとの対戦機能を作っていくよ

switch文って何？

if 文は 2 つの分岐を制御するときに便利な機能ですが、もっとたくさんの分岐を扱うときに便利な機能が **switch** 文です。

●switch文

```
1  switch (確認する変数) {
2    case 状態1:
3      状態1のときの処理;
4      break;
5    case 状態2:
6      状態2のときの処理;
7    case 状態3:
8      状態2と状態3のときの処理;
9      break;
10   default:
11     どれにも一致しないときの処理;
12 }
```

switch(〜) に分岐の判定に使う変数を入れ、**case 〜:** で条件を列挙します。switch 文は if 文と異なり、途中で **break** で処理を抜けない限り、続けて次の処理が実行されます。**default:** のブロックでは他のどれにも一致しないときの処理を書くことができます。

SECTION 3-3 AIと対戦しよう

ここまでで、一通り遊べる○×ゲームが完成しました。しかしまだ足りないものがあります。それは一緒に遊ぶ友達です。友達の作り方はこの書籍の範囲外なので、代わりに**コンピュータと対戦する機能**を組み込みます。

3-3-1 思考エンジンを呼び出そう

さてこれからAIと対戦する機能（思考エンジン）を組み込むわけですが、ゼロから作るのはちょっと荷が重そうです。プログラミングの世界では、アプリケーションを自分の手でゼロからすべて作ることは稀で、たいていの場合は**ライブラリ**という誰かが作ったプログラムを組み合わせて自分の作りたいアプリケーションを実現します。

図 3-3-1 ライブラリを呼び出すコードの図

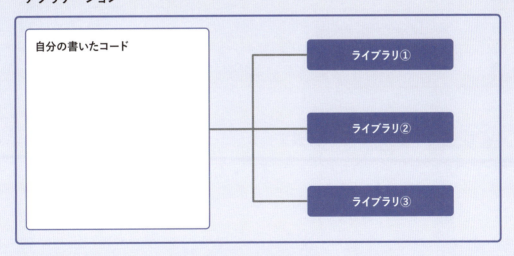

ライブラリを利用する方法はいろいろあるのですが、今回はシンプルにファイルを直接読み込む形をとります。読み込みたいファイル（ai.js）は下ごしらえ済みのダウンロードファイルの中にあらかじめ用意してあるので、後は読み込むだけです。index.html の以下の箇所にコードを挿入しましょう。main.js を読み込んでいる部分よりも上の行に書く必要があるので注意してください。

Code `3-3-1` index.html

```
5   <head>
6       <title> 接待〇×ゲーム </title>
7       <meta charset="utf-8">
8       <script src="./ai.js" defer></script>    ● ── 追加
9       <script src="./main.js" defer></script>
10      <link rel="stylesheet" href="./main.css">
11  </head>
```

そして、main.js の末尾に次のように **thinkAI** 関数を書き加えてください。この関数の中で、ai.js が提供する **think** という関数を呼び出しています。

Code `3-3-2` main.js

```
97       return DRAW_GAME;
98  }
99
100 // AI に考えてもらう
101 function thinkAI() {
102     const hand = think(cells, -1, 5);
103     if (hand) {
104         const cell = document.querySelector(`#cell_${hand[0]}_${hand[1]}`);
105         cell.textContent = " × ";
106         cell.classList.add("x");
107         cells[hand[0]][hand[1]] = -1;
108     }
109 }
```

追加

Code `102行目` **引数でパラメータを渡す**

think 関数を使うには、以下のように引数でパラメータを渡してあげる必要があります。

```
1   think( 盤面 , ターン , AI の強さ )
```

それぞれ、次のように指定します。AI の強さは、〇×ゲームが最大 9 ターンしかないので 9 を指定すると無理ゲーになります。

- 盤面：現在の盤面を二次元配列で渡します
- ターン：今のターンを1か-1かで渡します
- AIの強さ：AIが何手先まで読むかを指定します

最後に、今作ったthinkAIを呼び出すようにしましょう。AIが打った後は手番を交代します。

Code 3-3-3 main.js

```javascript
// セルをクリックしたときのイベントを登録
for (let row = 0; row < 3; row++) {
    for (let col = 0; col < 3; col++) {
        const cell = document.querySelector(`#cell_${row}_${col}`);
        cell.addEventListener("click", () => {
            if (result !== CONTINUE) {
                window.location.reload(true); // 決着がついた後にクリックしたらリロード
            }
            if (cells[row][col] === 0) { // 置けるかどうかの判定
                putMark(row, col); // ○か×を置く
                turn = turn * -1;
                thinkAI(); // AIに考えてもらう
                turn = turn * -1;
                check(); // ゲームの状態を確認
            }
        });
    }
}
```

（追加：thinkAI();、turn = turn * -1;）

それでは動作を確認してみましょう。○を打って自動的に×が打たれれば、正しく動作しています。

図 3-3-2 AIとの対戦

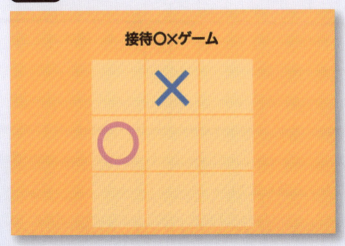

3-3-2 思考エンジンの中身をちょっと覗いてみよう

思考エンジンの実装にはライブラリを使いました。基本的にライブラリの中がどのように実装されているか気にする必要はないのですが、簡単に概要だけ紹介します。

●〇×ゲームの思考エンジンの仕組み

〇×ゲームの思考エンジンの作り方にはいろいろな方法がありますが、今回は**ミニマックス法**という手法を使っています。これは「**相手の得を小さく、自分の得を大きくする**」という方針で探索する**アルゴリズム（問題を解決するための手法）**です。

1 石を置ける場所を全部リストアップする

まずは石を置ける場所をリストアップします。〇が真ん中に置かれたパターンを考えてみましょう。次のターンに×を置ける場所は8つあります。

図 3-3-3 取り得る選択肢

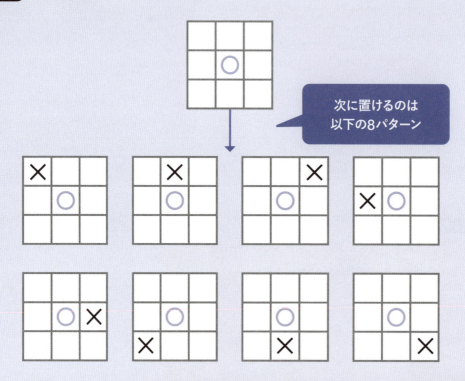

2 リストアップした分岐をひたすら深く見ていく

〇の次は×、×の次は〇、というように交互に打ったときの分岐を、深く進んでいきます。図3-3-4は2ターン目に左上に×に置いたパターンを深掘りしていった図です。

図 3-3-4　分岐が続いていく

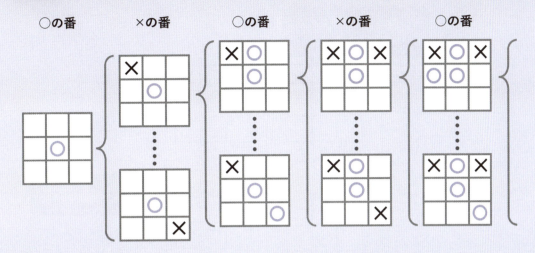

3 深く見ていくと決着がつくパターンに行き着くので結果を記録する

図 3-3-5　○の勝ち確定

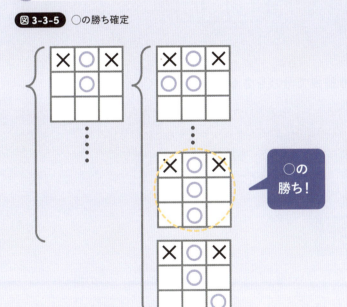

　分岐を深く進んでいき、「○の勝ち」「×の勝ち」「引き分け」いずれかのパターンが見つかったら探索を終了します。図 3-3-5 では「○の勝ち」のパターンに行き着きました。
　決着がつく前にあらかじめ決めておいた深さの限界に達した場合も探索を打ち切ります。この読み進める深さの階層が深くなれば深くなるほど、より先を読める強い思考エンジンになります。

4 相手に得させない手を選ぶ

　「**相手のプレイヤーは常に最善手を選択する**」という前提のもと、「相手が最も得する手」を打てないような手を選びます。×にとっては、次のターンに○が勝ってしまうような手は都合が悪いです。そのため、1つ巻き戻して違う手を探します。次のターンに相手がどう打っても○が勝てない手を打つのです。

99

図 3-3-6 ×にとっては都合が悪い局面は避ける

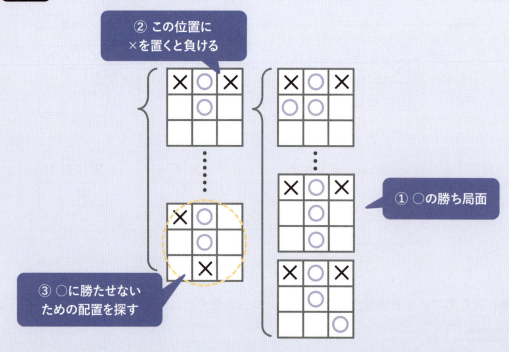

5 双方が最善手を選ぶという前提で分岐をさかのぼっていく

「このとき○ならどう打つか」「このとき×ならどう打つか」を交互にさかのぼると、2ターン目に×を左上に置いた場合に最終的にどういう結果になるかがわかってきます。無情なことに、○×ゲームは1手目にすでに決着がついているのです（双方が打ち間違えなければの話ですが）。

図 3-3-7 突き詰めると×は1手目で詰んでいる

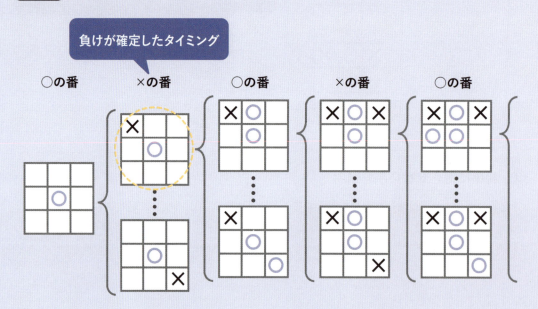

6 最も自分が損をしない手を選択する

×を左上に置いたパターンを調べたら、次は×をその1つ隣、つまり上段の真ん中に置いたパターンも調べます。そうやって全部の手を調べていき、相手が最善手を選んでいった場合でも自分が最も損をしない手を選びます。これが、最終的にAIが選ぶ手となります。

図 3-3-8 損を最小化する手を選ぶ

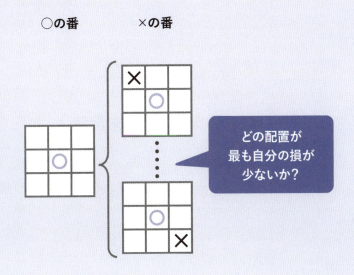

これが○×ゲームのAIの基本的な考え方です。これを応用すればオセロや将棋などのゲームも作れます。今回はできるだけ単純化するために一番シンプルなミニマックス法という手法を使いましたが、他にも**「アルファベータ法」**や**「ネガマックス法」**など計算効率に改良が施された手法もあるので、興味がある人は調べてみてください。

「自分が得をする手」ではなく「相手に得をさせない手」を選ぶ点がポイントだよ

SECTION 3-4 接待モードを用意しよう

　AIとの対局は実装できましたが、現在のままでは強すぎて、接待どころではありません。AIが勝利を譲ってくれる「**接待モード**」を搭載して、プレイヤーが気持ちよく遊べるようにしましょう。

3-4-1 モード切り替えボタンを用意しよう

　ラジオボタンを追加して、ボタンを押せば接待モードのON/OFFが切り替えられるようにしましょう。

Code 3-4-1 index.html

```
28      <div id="message"></div>
29      <div>
30          <label><input type="radio" name="mode" value="hard" 
    checked> 激ムズモード </label>
31          <label><input type="radio" name="mode" value="easy"> 
    接待モード </label>
32      </div>
```
(30〜31行目：追加)

ラジオボタンって何？

　複数ある選択肢の中からユーザーに1つだけ選ばせたいときに使えるのが**ラジオボタン**です。昔のラジオや扇風機などには、1つ押すと他のボタンが元に戻って同時に複数のボタンを押せないボタンが付属されていました。HTMLのラジオボタンもそれと同じようなものです。**同じname属性のラジオボタンは同時に1つしか選ぶことができません。**

●ラジオボタン

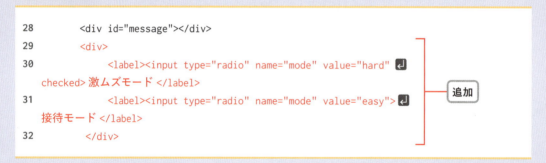

3-4-2 モードで思考を切り替えよう

main.js を修正して、モードを保持する変数を用意します。

Code **3-4-2** main.js

```
12 let turn = 1;
13 let result = CONTINUE;
14 let mode = "hard";     ● 追加
```

そしてモードが切り替わったときの処理も用意します。2つあるラジオボタンをすべて取得したいので querySelector ではなく **querySelectorAll** を使います。こちらを使うと条件を満たす要素を全部取得できます。全部のラジオボタンに対してボタンが押されたときの処理を登録します。

Code **3-4-3** main.js

```
16 // セルをクリックしたときのイベントを登録
17 for (let row = 0; row < 3; row++) {
```

```
33 }
34
35 // モードが切り替わったときの処理
36 const modeElements = document.querySelectorAll("input[name='mode']");
37 for (let modeElement of modeElements) {
38     modeElement.addEventListener("change", (event) => {
39         mode = event.target.value;
40     });
41 }
42
43 // ○か×を置く
44 function putMark(row, col) {
```

追加

最後に、think 変数の3番目の引数（思考の深さ）を9（一番強い設定）に変えて、4番目の引数（接待モードを有効にするか）にモードが easy かどうかの判定式を与えます。mode が easy なら true（真）、easy 以外なら false（偽）になります。

Code **3-4-4** main.js

```
111  // AI に考えてもらう
112  function thinkAI() {
113      const hand = think(cells, -1, 9, mode === "easy");      ●── 修正
114      if (hand) {
115          const cell = document.querySelector(`#cell_${hand[0]}_${hand[1]}`);
116          cell.textContent = " × ";
117          cell.classList.add("x");
118          cells[hand[0]][hand[1]] = -1;
119      }
120  }
```

　ちなみにここで登場した「===」は、厳密な比較を表しています。数字の1と文字の "1"（ダブルクォーテションで囲っている）を区別したいときに使います。このように厳密に比較したほうが、思わぬバグを防ぐことができて安全です。

```
1   "1" == 1    ●── イコール2つで比較すると同じと判定される
2   "1" === 1   ●──────────────────── イコール3つで比較すると違うと判定される
```

　それでは動作確認をしてみましょう。下記の動作が確かめられれば OK です。

- ラジオボタンを押して接待モードに切り替えられる
- 接待モードに切り替えるとこちらが勝つように打ってくれる

3-4-3 モードでデザインを切り替えよう

ここまでで、ボタンを押せば接待モードに切り替わるようにできました。しかし、モードが切り替わったことをもっと視覚的に表現したほうがわかりやすそうです。そこで、**モードが切り替わったタイミングで背景の色を切り替えましょう。** 背景の模様は id="back" の div 要素に描かれています。この id="back" の要素の class を切り替えることで、適用される CSS も切り替えることができます。

Code **3-4-5** main.js

```
35  // モードが切り替わったときの処理
36  const modeElements = document.querySelectorAll("input[name="mode"]");
37  for (let modeElement of modeElements) {
38      modeElement.addEventListener("change", (event) => {
39          mode = event.target.value;
40          document.querySelector("#back").classList = mode;      ← 追加
41      });
42  }
```

これによりあらかじめ用意されている 2 種類の CSS が交互に切り替わります。

Code **3-4-6** main.css

```
24  .hard {
25      background-color: #ffb366;
26      background-image:
27          repeating-linear-gradient(-45deg, #fcc351, #fcc351 8px, ↵
    transparent 0, transparent 16px);
28  }
29
30  .easy {
31      background-color: #d1ff66;
32      background-image:
33          repeating-linear-gradient(-45deg, #c9fc51, #c9fc51 8px, ↵
    transparent 0, transparent 16px);
34  }
```

これで接待○×ゲームが完成です。あなたはAI相手に百戦百勝です。負けようと思っても負けられません。

図 3-4-1 接待○×ゲームが完成

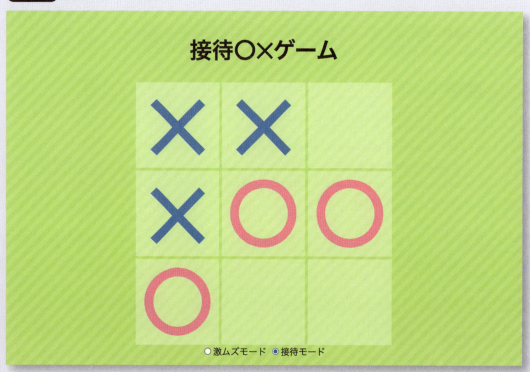

接待だとわかっていても勝つのは楽しいね！

それはよかったね

Chapter 4

目指せ！一級合格「ダジャレ審議会」

Chapter 4

この章で作成するアプリ

この章で作るアプリは「ダジャレ審議会」です。審議ネコが与えられた文章のダジャレとしての質を判定し、一級〜三級でダジャレを格付けします。審議ネコの審査はとても厳しく、3匹すべてを満足させ一級に合格するのは至難の業です。

Check!

自由にダジャレを入力

入力欄にダジャレを入力して、審議ボタンを押すとダジャレのクオリティを判定できます。

Check!

ダジャレを評価

3匹の審議ネコがダジャレのクオリティを3段階で判定します。

Roadmap
ロードマップ

SECTION 4-1 アプリの画面を作ろう ▶P110
　　審議ネコを表示しよう

SECTION 4-2 シンプルなダジャレを判定しよう ▶P118
　　ダジャレの条件を考えてみよう

SECTION 4-3 面白いダジャレを判定しよう ▶P124
　　良質なダジャレを見極めるには？

SECTION 4-4 高度なダジャレを判定しよう ▶P130
　　ひねったダジャレにも対応させよう

FIN

Point
――この章で学ぶこと――

☑ 時間差で実行するには「setTimeout」を使う！

☑ 文章を解析してダジャレを判定する！

☑ 高度な文字列操作は「正規表現」を駆使する！

Go to the next page! →

SECTION 4-1 アプリの画面を作ろう

　第4章では、ダジャレのクオリティを判定するアプリ、その名も「**ダジャレ審議会**」を作ります。これまでの章と同じく、まずはアプリの画面から作っていきましょう。ダウンロードファイルに下ごしらえ済みのファイルを用意しているので、そちらを使用します。第2章の39ページと同様の手順で、ダウンロードファイルの「4」フォルダの中の「4-1」フォルダをVSCodeで開いてください。

4-1-1 ざっくり全体像を確認しよう

　画面の完成形はこちらになります。この節では見た目やキャラクターの動きの部分を実装していきます。

図 4-1-1 完成形

この章では「4-1」フォルダの中にある、以下のファイルを使っていきます。

表 4-1-1　下ごしらえ済みのファイル

ファイル	概要
index.html	アプリの画面の構造にあたるHTML
main.js	アプリの動作にあたるJavaScript
main.css	アプリの画面の装飾にあたるCSS
imagesフォルダの中の画像	アプリの画面で用いるイラストの画像（court.png、ok1.png、ok2.png、ok3.png、ng1.png、ng2.png、ng3.png、wait1.png、wait2.png、wait3.pngの10個）

　具体的なコードの中身を掲載すると長くなってしまうので、後の解説で都度確認することにします。
　下ごしらえ済みのファイルの時点で、どのような画面になっているのでしょうか。**index.html** をブラウザで開いて、現在の画面を確認してみましょう。

図 4-1-2　現時点のアプリの画面

　見た目はそれなりに揃っていますが、まだ足りない部分もあります。この節では以下の改良を施していきましょう。

- 審議ネコを表示する
- ボタンを押すと審議ネコが札を掲げるようにする

4-1-2 審議ネコを置こう

図 4-1-3 審議ネコ

今回、ダジャレの判定結果を示す役割を果たすのが、画面上に配置されている「**審議ネコ**」というキャラクターです。まずは、この審議ネコのイラストを画面に表示させてみましょう。

1 HTMLのタグを用意しよう

index.html を開き、**id="judges"** の div の中に以下のように div を追加します。

Code 4-1-1 index.html

```html
13  <body>
14      <div id="result">ダジャレ審議会 </div>
15      <div id="judges">
16          <div id="judge_1" class="judge wait cat1"></div>
17          <div id="judge_2" class="judge wait cat2"></div>
18          <div id="judge_3" class="judge wait cat3"></div>
19      </div>
```

16〜18 追加

2 画像を指定しよう

しかし、これだけではまだ画面上には何も表示されません。配置した div に背景画像を設定します。「審議中」の要素（judge と wait のクラス）に猫が待機している画像である **wait1.png**、**wait2.png**、**wait3.png** を背景として表示するようにしましょう。

Code 4-1-2 main.css

```css
48  .judge.wait.cat1 {
49      /* 審議ネコ１待機 */
50      background-image: url(./images/wait1.png);
```

50 追加

```
51  }
52
53  .judge.wait.cat2 {
54      /* 審議ネコ２待機 */
55      background-image: url(./images/wait2.png);   ← 追加
56  }
57
58  .judge.wait.cat3 {
59      /* 審議ネコ３待機 */
60      background-image: url(./images/wait3.png);   ← 追加
61  }
```

background-imageって何？

　CSS で **background-image: url(画像の URL);** のように指定すると、好きな画像を背景として設定できます。今回追加した審議ネコの div には class="judge wait cat1" と指定されているので、wait1.png（札を掲げてないネコ）の画像が表示されます。

3 ブラウザで確認しよう

　それでは index.html を開いて動作を確認しましょう。3 匹の審議ネコが表示されれば OK です。

図 4-1-4　3匹並んだ審議ネコ

4-1-3 審議ネコに札を掲げてもらおう

画面上に審議ネコを表示できるようになりました。次に、**ダジャレを入力して審議ボタンを押すと、審議ネコのイラストが切り替わる仕組み**を作りましょう。完成したアプリでは、3匹の審議ネコがそれぞれの視点でダジャレのクオリティを評価し、「合格」か「ダメです」の札を掲げます。審議ネコが掲げた札の数に応じて、ダジャレの評価が「一級」「二級」「三級」と決まります。

図 4-1-5 ダジャレ判定の流れ

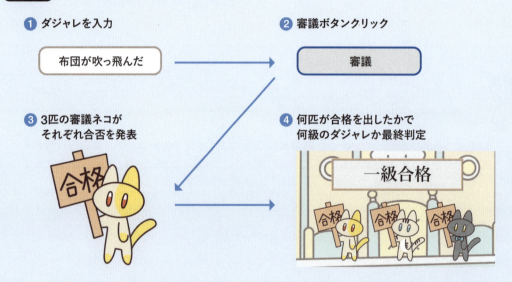

ダジャレを評価する仕組みは後で実装するとして、まずはボタンを押すと合否の判定札を掲げるためのプログラムを書いていきましょう。

1 審議ネコが順番に札を掲げるようにしよう

それでは、**main.js** の judge 関数に次のようにコードを追加してください。

Code 4-1-3 main.js

```
34  // 審議ネコを表示する
35  function judge(point) {
36      // 0.5秒後に審議ネコ1を表示する
37      setTimeout(function () {
38          if (point >= 1) {
39              document.querySelector("#judge_1").className = "judge ok cat1";
40          } else {
41              document.querySelector("#judge_1").className = "judge ng cat1";
42          }
43      }, 500);
```

(37〜43行目 追加)

```
44
45      // 1 秒後に審議ネコ 2 を表示する
46      setTimeout(function () {
47          if (point >= 2) {
48              document.querySelector("#judge_2").className = "judge ok cat2";
49          } else {
50              document.querySelector("#judge_2").className = "judge ng cat2";
51          }
52      }, 1000);
53
54      // 1.5 秒後に審議ネコ 3 を表示する
55      setTimeout(function () {
56          if (point >= 3) {
57              document.querySelector("#judge_3").className = "judge ok cat3";
58          } else {
59              document.querySelector("#judge_3").className = "judge ng cat3";
60          }
61      }, 1500);
62
63      // 2 秒後に結果を表示する
64  }
```

（46〜52行：追加）
（55〜61行：追加）

　この処理では、審議ネコが OK か NG の札を掲げる処理を書いています。点数が 1 点以上なら左の審議ネコが OK の札を掲げます。2 点以上なら中央のネコも、3 点なら右のネコも含めて満場一致で OK となります。

図 4-1-6 厳しい判決を下す審議ネコ

動作を確認してみましょう。ダジャレを入力してから審議ボタンを押すと、3匹の審議ネコが左から順に「ダメです」の札を掲げれば正しく動作しています。

Check Point

ボタンが「準備中」になっていて審議ネコが札を掲げてくれない

　main.js では、内部で使用している **kuromoji.js**（次の節で解説します）というライブラリの準備が整うまで、ボタンを押せなくする処理が入っています。最初はローディングに数秒～数十秒かかるため、準備が終わるまでしばらく待ちましょう。

●準備が整うとボタンの表記が変わる

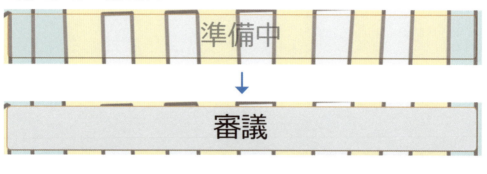

setTimeoutって何？

　このアプリでは、審議ネコにリズミカルに札を掲げてもらうために **setTimeout** という便利な機能を利用しています。この機能を使うと数秒遅らせて時間差で処理を実行することができます。審議ボタンを押すと、審議ネコが左から順に 0.5 秒後、1 秒後、1.5 秒後に札をピッピッピッとテンポよく札を掲げる動作はこれによって実現しています。

　待機する時間の単位はミリ秒（1 秒の 1000 分の 1）であることに注意が必要です。1 秒待つなら 1000 ミリ秒、0.5 秒待つなら 500 ミリ秒を指定する必要があります。

●setTimeout

```
1  setTimeout(function(){
2      実行する処理
3  }
4  , 待機する時間 );
```

2 結果に応じて看板も変えよう

審議ネコの評価結果に応じて、画面の上部にある看板の表示も変えられるようにしましょう。**id = result** の要素の文字を書き換えます。

Code 4-1-4 main.js

```
34  // 審議ネコを表示する
35  function judge(point) {
```
〜〜
```
63      // 2秒後に結果を表示する
64      setTimeout( function () {
65          switch (point) {
66              case 0:
67                  document.querySelector("#result").textContent = " 失格 ";
68                  break;
69              case 1:
70                  document.querySelector("#result").textContent = " 三級合格 ";
71                  break;
72              case 2:
73                  document.querySelector("#result").textContent = " 二級合格 ";
74                  break;
75              case 3:
76                  document.querySelector("#result").textContent = " 一級合格 ";
77                  break;
78          }
79          document.querySelector("#result").className = "kurukuru";
80      }, 2000);
81  }
```

（66〜79 行目：追加）

動作を確認してみましょう。3匹の審議ネコが札を掲げた後に頭上の看板が「失格」になります。

図 4-1-7 看板の表示が変わる

SECTION 4-2 シンプルなダジャレを判定しよう

この節からは、**ダジャレのクオリティを評価・判定するための処理**を作っていきます。まずは、ダジャレを成立させるための最低条件である「同じ読み方の繰り返し」をプログラムで探しましょう。文章の中で同じ読み方をする箇所が、単純に2回以上繰り返されていれば「**ダジャレ検定3級**」の称号を得られるようにします。

4-2-1 文章を分割しよう

ダジャレは、音の繰り返しや類似による言葉遊びで、同じ読み方をする部分が1つの文章の中に複数並んでいることで成立します。ダジャレかどうかを判定するためには、**文章の中に同じ読み方をする箇所が複数あるか**を確認する必要があります。

そのため、まず文章全体をカタカナに変換することで、文章の読み方を確認できるようにします。例えば、「猫が寝転んだ」という文章は「**ネコガネコロンダ**」と変換できます。このカタカナにした文章の中で、同じ読み方が繰り返されている部分を探します。

上の例では、「ネコガネコロンダ」の中で「**ネコ**」という読み方の箇所が2回登場しているので、このような重複がある場合、ダジャレと判定できます。

図 4-2-1 ダジャレの条件

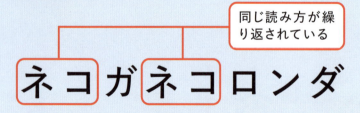

つまり、プログラムの中で次の2つの処理を実現できれば、ダジャレを判定できそうです。

- 文章をカタカナに変換する処理
- 同じ読み方の箇所を探す処理

文章を解析する便利なライブラリに「**kuromoji.js**」があります。これを使うと「猫が寝転んだ」という文章を以下のように解析できます。カタカナに変換するだけでなく、文章を細かく区切って品詞の種類も解析できる優れものです。

表 4-2-1　kuromoji.jsによる解析結果

原文	品詞	読み方
ネコ	名詞	ネコ
が	助詞	ガ
寝転ん	動詞	ネコロン
だ	助動詞	ダ

下ごしらえ済みの index.html では、あらかじめ kuromoji.js を利用する準備ができています。

Code　4-2-1　index.html

```
5   <head>
6       <title>ダジャレ審議会</title>
7       <meta charset="utf-8">
8       <script src="https://cdn.jsdelivr.net/npm/kuromoji@0.1.2/build/kuromoji.js"></script>
9       <script src="./main.js" defer></script>
10      <link rel="stylesheet" href="./main.css">
11  </head>
```

kuromoji.jsを利用するための指定

kuromoji.jsって何？

kuromoji.js は、浅野卓也氏によって公開されている JavaScript 向けの形態素解析エンジンです。Java 向けの形態素解析エンジン「kuromoji」をもとに作られています。このライブラリを利用すると文章を分割したり、品詞の分類や漢字の読みを取得したりすることができます。

Web アプリの開発ではパッケージ管理システムという仕組みを使ってライブラリを利用することが多いのですが、準備がけっこう大変です。準備の簡略化のために本書ではパッケージ管理システムは使わず、インターネット経由で直接ライブラリのソースコードを利用するようにしています。

 https://github.com/takuyaa/kuromoji.js

kuromoji.js を使って文章の解析結果を返す **getSentence** 関数を書いてみましょう。

Code 4-2-2 main.js

```javascript
117  // 文章を解析して返す
118  function getSentence(message) {
119      const tokens = tokenizer.tokenize(message);
120      const nouns = []; // 名詞リスト
121      let reading = ""; // 読み
122      for (let token of tokens) {
123          reading += token.reading ?? token.surface_form;
124          if (token.pos == "名詞") {
125              nouns.push(
126                  {
127                      reading: token.reading && token.reading != "*" ? ↵
     token.reading : token.surface_form,
128                  }
129              );
130          }
131      }
132      return {
133          reading: reading, // 読み「キョウハヨイテンキデスネ」
134          nouns: nouns, // 名詞の配列 [{reading: "キョウ",~}, ...]
135      }
136  }
```

追加

この関数は、次のような**オブジェクト**と呼ばれるデータを返します。このデータを使ってダジャレを判定します。

表 4-2-2 getSentenceが返すデータ

キー	概要
reading	文章全体をカタカナにしたもの（ネコガネコロンダ）
Nouns	カタカナにした名詞の配列（["ネコ"]）

オブジェクトって何？

　オブジェクトとは、**変数や関数をキー（値を探すための識別子）とバリュー（値）のペアでまとめて管理できるデータ構造**のことです。例えば name が「Taro」で、age が「10」の human オブジェクトを定義すると以下のようになります。

● オブジェクトの例

```
1   const human = {name: "Taro", age: 10};
```

　変数名にあたる name や age を**キー**、変数の値にあたる "Taro" や 10 を**バリュー**と呼びます。キーとバリューは総称して**プロパティ**と呼ばれ、オブジェクトは関数もプロパティとして持つことができます。

```
1   const human = {
2     name: "Taro",
3     age: 10,
4     greet:function(){
5       alert(`こんにちは ${this.name} です。${this.age} 歳です `)
6   }};
```

　このコードでは **this.[キー]** と書くことで、オブジェクト自身のプロパティを利用しています。**human.greet()**; と呼び出すと、画面に「こんにちは Taro です。10 歳です」とポップアップが表示されます。オブジェクトに紐付けられた関数のことを**メソッド**と呼びます。

オブジェクト？　キー？　バリュー？　カタカナ用語がたくさん出てきて混乱してきたよ

今はオブジェクトでデータをひとまとめにできるってことだけ理解しておこう

4-2-2　同じ読みを判定しよう

ダジャレの判定は以下の手順で行います。

①文章をカタカナにする
②文中にある名詞を探す（※1）
③その名詞が何回登場したかカウントする
④2 回以上登場した名詞があればダジャレと見なす

それをコードで書くと、このような形になります。**check1** 関数に書き足しましょう。

※1　本書では説明やプログラムを簡略化するため、ダジャレを構成する要素を名詞に限定していますが、厳密には名詞以外でもダジャレは成立します。

Code 4-2-3 main.js

```
102  // ダジャレの判定 ( 単純に読みが一致していれば OK)
103  function check1(message) {
104      const sentence = getSentence(message);
105      if (sentence.reading.length != 0) {
106          for (let noun of sentence.nouns) {
107              const hit_reading = (sentence.reading.match(new RegExp(noun⏎
     .reading, "g")) ?? []).length;
108              if (1 < hit_reading) {
109                  return true;
110              }
111          }
112      }
113      return false;
114  }
```

追加

Code 104行目 **入力された文章の解析**

文章を解析した結果を **sentence** に代入します。この中には文章全体をカタカナにした文字列（"ネコガネコロンダ"）と名詞の一覧（["ネコ"]）が入っています。

Code 107行目 **単語のカウント**

文章の中に同じ名詞が何回登場するか数えています。以下のように書くことで、文中に含まれる名詞を検索し、配列形式で一致している箇所を取得できます。もし1件も一致しなければ null（何もないことを表す値）が返ってきます。

```
1  元の文章 .match(new RegExp( 検索したい名詞 , "g"))
```

そして以下のように書くことで、null だった場合に空の配列に変換することができます。

```
1  変数 ?? []
```

配列の件数は **.length** で取得できます。

```
1  配列 .length
```

この行は難しいことを一度にたくさんやっています。ひとまず「**文章の中に名詞が何回登場するか数えている**」とだけざっくり認識しておけばOKです。

Code　108行目　ダジャレの判定

文中に2回以上同じ名詞が登場したらダジャレとして判定しています。「ネコガネコロンダ」には「ネコ」が2回登場しているのでダジャレです。

● 確認しよう

ブラウザで確認してみましょう。index.htmlを開き、入力欄に「**猫が寝転んだ**」や「**アルミ缶の上にあるミカン**」と入力して審議ボタンを押します。左端の審議ネコが合格の札を掲げ、看板の文字が「**三級合格**」に変われば正しく動作しています。

図 4-2-2　1匹の審議ネコが合格を出した

SECTION 4-3 面白いダジャレを判定しよう

前の節で単純なダジャレを判定することができるようになりました。しかし、実はこの方法には欠点があります。例えば、「**靴が靴箱にある**」と入力して審議ボタンを押してみましょう。

図 4-3-1 笑いのハードルが低い審議ネコ

現在の判定方法では「靴が靴箱にある」は、前の節の最後に入力した「猫が寝転んだ」や「アルミ缶の上にあるミカン」と同じダジャレ検定3級と認定されてしまうのです。「靴が靴箱にある」は、確かに「クツ」という同じ読み方が繰り返されてはいますが、「靴」という同じ漢字が2度繰り返されているだけで、**言葉遊びとしてのひねりがありません。**

4-3-1 面白いダジャレの条件を考えよう

「猫が寝転んだ」や「アルミ缶の上にあるミカン」のような面白いダジャレと、ひねりのない単純なダジャレを見分けられるようにしましょう。前者を「**ダジャレ検定2級**」、後者を「**ダジャレ検定3級**」と区別して評価します。この2種類のダジャレには、**同じ読み方をする箇所で同じ文字が使われているかどうか**の違いがあると考えられます。

では、この違いを判定するための流れを見ていきましょう。「猫が寝転んだ」と「靴が靴箱にある」の2つのダジャレを例に考えてみます。

1　原文のまま、文章中の名詞を探す

まずは、原文のまま、ダジャレの文章の中にある名詞を探します。

図 4-3-2　原文のまま、名詞を探す

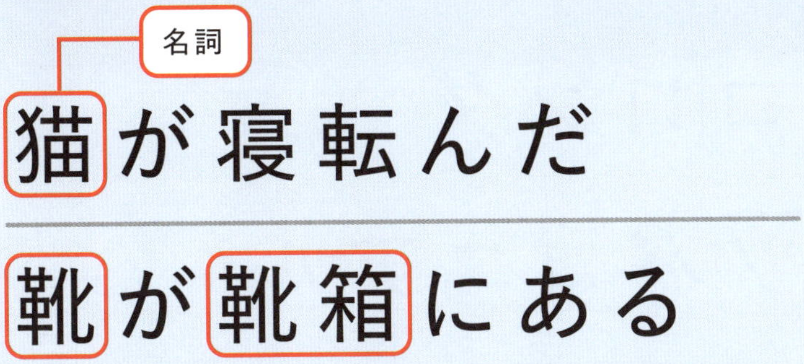

名詞

猫 が 寝 転 ん だ

靴 が 靴 箱 に あ る

2　文字が重複している名詞の数を記録する

そして、複数回含まれている名詞を記録します。これにより、文字が重複している名詞の数がわかります。

図 4-3-3　文字が重複している数を探す

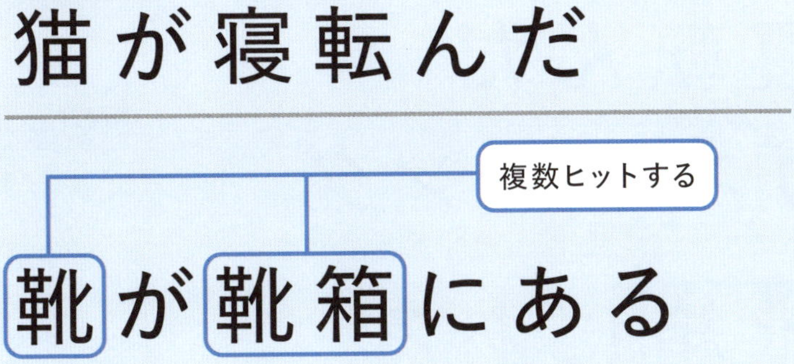

猫 が 寝 転 ん だ

複数ヒットする

靴 が 靴 箱 に あ る

3　文章をカタカナに変換して、名詞を探す

今度は文章をカタカナに変換し、同じように名詞を探します。

図 4-3-4　カタカナに変換して、名詞を探す

ネ コ ガ ネ コ ロ ン ダ

ク ツ ガ ク ツ バ コ ニ ア ル

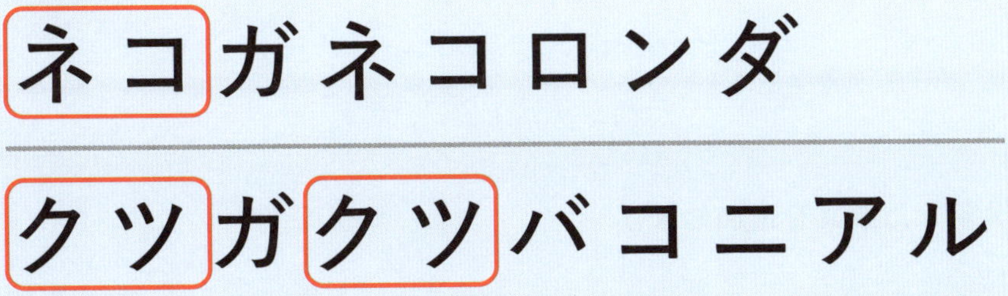

4 読み方が重複している名詞の数を記録する

そして、複数回ヒットする名詞を記録します。これにより、読み方が重複している名詞の数がわかります。

図 4-3-5 読み方が重複している数を探す

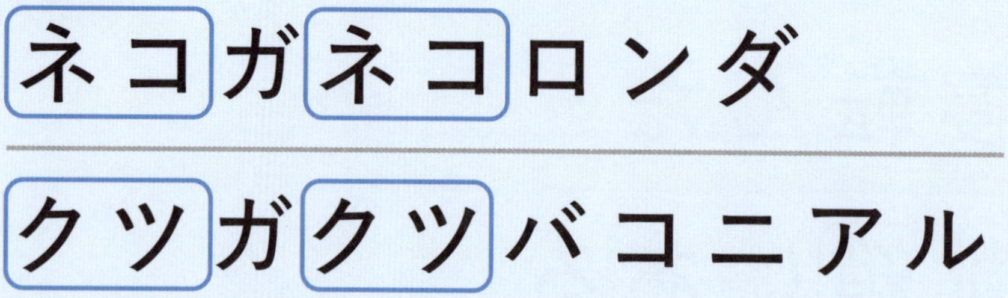

ネコ ガ ネコ ロンダ

クツ ガ クツ バコニアル

5 原文とカタカナでの名詞のヒット数を比較する

最後に、②と④のそれぞれで記録した名詞のヒット数を比較します。②で数えた「**文字が重複している名詞の数（原文の状態におけるヒット数）**」よりも、④で数えた「**読み方が重複している名詞の数（カタカナの状態におけるヒット数）**」が上回れば、「ダジャレ検定 2 級」の評価が得られます。

図 4-3-6 重複した名詞の数を比較する

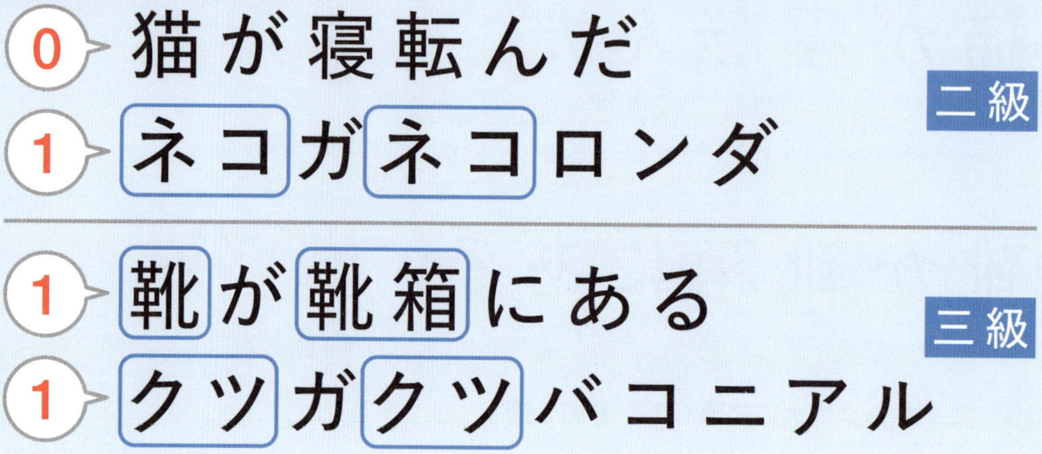

0 猫 が 寝 転 んだ
1 ネコ ガ ネコ ロンダ　　　　二 級

1 靴 が 靴 箱 にある
1 クツ ガ クツ バコニアル　　三 級

4-3-2 面白いダジャレを見極めよう

では、ダジャレ検定二級の条件を見極めるために、プログラムを修正していきましょう。

1 解析結果に分割した原文を追加しよう

まずは文章の解析を行う関数で、原文も結果として返すように変更します。main.js の getSentence 関数を次のように修正します。

Code `4-3-1` main.js

```
126  // 文章を解析して返す
127  function getSentence(message) {
128      const tokens = tokenizer.tokenize(message);
129      const nouns = []; // 名詞リスト
130      let reading = ""; // 読み
131      for (let token of tokens) {
132          reading += token.reading ?? token.surface_form;
133          if (token.pos == "名詞") {
134              nouns.push(
135                  {
136                      original: token.surface_form,       ●──[追加]
137                      reading: token.reading && token.reading != "*" ? token.reading : ↵
    token.surface_form,
138                  }
139              );
140          }
141      }
142      return {
143          original: message, // 元の文章「今日は良い天気ですね」     ●──[追加]
144          reading: reading, // 読み「キョウハヨイテンキデスネ」
145          nouns: nouns, // 単語の配列 [{reading: "キョウ",~}, ...]
146      }
147  }
```

2 条件の判定処理を書こう

それでは面白いダジャレを判定する **check2** 関数を実装しましょう。原文における名詞の一致数とカタカナに変換した後の名詞の一致数を比較し、後者が大きい場合のみ、面白いダジャレとして認めています。

Code `4-3-2` main.js

```
116  // ダジャレの判定（単純な同じ単語の繰り返しはNG）
117  function check2(message) {
118      const sentence = getSentence(message);
119      if (sentence.original.length != 0 &&
120          sentence.reading.length != 0) {
121          for (let noun of sentence.nouns) {
122              const hit_original = (sentence.original.match(new RegExp(noun ↵
    .original, "g")) ?? []).length;
123              const hit_reading = (sentence.reading.match(new RegExp(noun ↵
    .reading, "g")) ?? []).length;
```

[追加]

```
124            if (hit_original < hit_reading) {
125                return true;
126            }
127        }
128    }
129    return false;
130 }
```

Code 119～120行目 **空の文章をスキップ**

ここでは文章が空っぽでないときだけ、後続の処理を行います。**&&** という記号が登場しました。これは **AND条件** というもので、両方の条件を満たした場合のみ if 文を true（正）として扱う記号です。別の機能で **OR条件** を示す記号（||）もあり、これは片方の条件を満たせば true（正）として扱う記号です。

Code 124行目 **二級ダジャレ判定**

ここではダジャレの判定として、「単純な名詞の一致数」と「名詞の読み方の一致数」を比較しています。例えば「猫が寝転んだ」というダジャレの場合、「猫」という名詞と同じ意味合いの言葉は1箇所しか登場しません。しかし「ネコガネコロンダ」の中には「ネコ」という名詞と同じ読み方をするのは2箇所です。この場合は合格です。

3 動作を確認しよう

それではブラウザで index.html を開き、「猫が寝転んだ」と「靴が靴箱にある」の2つのダジャレを入力してみましょう。

審議ボタンを押すと、左の審議ネコはどちらのダジャレも合格の評価をしますが、中央の審議ネコは違いをしっかりと見抜き「猫が寝転んだ」のみ合格とします。

図 4-3-7　二級の壁を越えたダジャレ

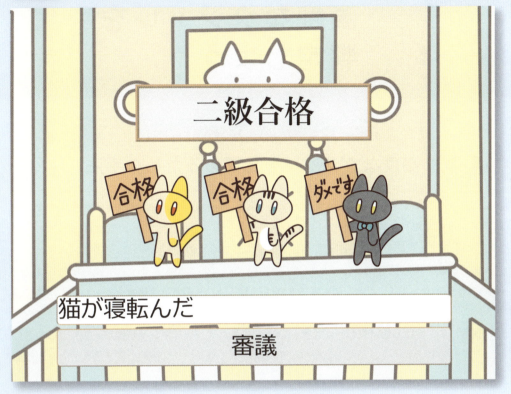

図 4-3-8　二級の壁を越えられないダジャレ

SECTION 4-4 | 高度なダジャレを判定しよう

4-4-1 高度なダジャレを見極めるための手法

　最後に、より高度なダジャレについても触れてみましょう。現時点のアプリで、かの有名なダジャレ「**布団が吹っ飛んだ**」を判定すると、ダジャレではないという評価になってしまいます。これは「フトン」と「フットン」を異なる読み方として扱ってしまうためです。確かに途中に「っ」が入っている以上、厳密に同じ読み方とはいえないのですが、このようにちょっとした違いがある場合でも、「読み方が近いから OK」と柔軟に判定できれば、よりひねりのある高度なダジャレにも対応できます。

　「っ」（促音）や、**伸ばし棒**（長音）が含まれるようなダジャレを「**ダジャレ検定一級**」として評価できるように対応しましょう。高度なダジャレを見極めるためには「文字列の置き換え」と「正規表現」という 2 つの手法を用います。

文字列の置き換え

　「布団が吹っ飛んだ」の例で考えてみましょう。「フトン」と「フットン」が「近い読み方」であることを判定するには、途中に含まれる「っ」を取り除いて比較すればよいのです。そのために用いるのが、文字列を置き換える **replaceAll** という JavaScript の機能です。

　例えば下のように使うことができます。この例では「イヌ」を「ネコ」と置き換えています。この機能を駆使して「っ」や伸ばし棒を空っぽの文字と置き換えます。

```
1    const text1 = "イヌはかわいい";
2    const text2 = text2.replaceAll("イヌ", "ネコ");
3    console.log(text2);    ●──「ネコはかわいい」と表示される
```

正規表現

　また、もうひとつ便利な技術があります。「**正規表現**」と呼ばれるものです。先ほど紹介した文字列の置き換えは、一字一句が完全一致する場合のみ文字列を置き換える機能でした。正規表現はより柔軟に文字を抜き出したり置き換えたりすることができます。

　「**智代子のチョコ**」というダジャレについて考えてみましょう。チヨコノチョコ。一見するとチョコが2回登場しているようにも見えますが、これをダジャレとして成立させるには、大きい「ヨ」と小さい「ョ」を同じものとして扱う必要があります。

　これを解決するのに便利なのが正規表現です。「チョコ」にも「チヨコ」にも一致させるには、正規表現では「**チ[ヨョ]コ**」と表記します。こうすることで、チとコの間に大きい「ヨ」と小さい「ョ」のどちらかがあればOKとして柔軟に検索することができます。

　以下に正規表現の記法の一例を紹介します。正規表現の世界は奥が深いので、気になる人はインターネットで調べてみましょう。

表 4-4-1 正規表現の例

構文	ルール	例	
[abc]	aかbかcのいずれかに一致	[aiueo]	captain cute cat
.	任意の1文字に一致	c.t	captain cute cat
*	直前の文字の0回以上の繰り返し	cap*t	captain cute cat
+	直前の文字の1回以上の繰り返し	cap+t	captain cute cat
?	直前の文字が0または1回	cat?	captain cute cat

4-4-2 高度なダジャレを見極めよう

1 解析結果に「発音」を加えよう

　まずは文章を解析する部分に手を加えます。より高度なダジャレに対応するために、文章の「読み方」だけでなく「**発音**」にも対応させます。例えば「東京」の読み方は「トウキョウ」ですが、実際の発音は「トーキョー」のように伸ばし棒が入ります。文章の解析結果に、この「発音」も加えましょう。main.js を次のように修正します。

Code **4-4-1** main.js

```
137  // 文章を解析して返す
138  function getSentence(message) {
139      const tokens = tokenizer.tokenize(message);
140      const nouns = []; // 名詞リスト
141      let reading = ""; // 読み
142      let pronunciation = ""; // 発音            ← 追加
143      for (let token of tokens) {
144          reading += token.reading ?? token.surface_form;
145          pronunciation += token.pronunciation ?? token.surface_form;   ← 追加
146          if (token.pos == " 名詞 ") {
147              nouns.push(
148                  {
149                      original: token.surface_form,
150                      reading: token.reading && token.reading != "*" ? token.reading :
     token.surface_form,
151                      pronunciation: token.pronunciation && token.pronunciation ↵
     != "*" ? token.pronunciation : token.surface_form,   ← 追加
152                  }
153              );
154          }
155      }
156      return {
157          original: message, // 元の文章「今日は良い天気ですね」
158          reading: reading, // 読み「キョウハヨイテンキデスネ」
159          pronunciation: pronunciation, // 発音「キョーハヨイテンキデスネ」   ← 追加
160          nouns: nouns, // 単語の配列 [{reading: " キョウ ",~}, ...]
161      }
162  }
```

❷ 条件の判定処理を書こう

高度なダジャレの判定では、ダジャレを評価する処理に以下の改良を施します。

- 「発音」による比較を行う
- 「っ」や伸ばし棒を省略した状態で比較を行う
- 文章中の名詞の検索に正規表現を用いる

これらの改良により、「布団が吹っ飛んだ」のような高度なダジャレにも対応できるようになります。

Code `4-4-2` main.js

```
132  // ダジャレの判定（読みがちょっと違っていても OK）
133  function check3(message) {
134      const sentence = getSentence(message);
135      if (sentence.original.length != 0 &&
136          sentence.reading.length != 0 &&
137          sentence.pronunciation.length != 0) {
138          for (let noun of sentence.nouns) {
139              const hit_original = (sentence.original.match(new RegExp(noun ↵
     .original, "g")) ?? []).length;
140              const hit_reading = (sentence.reading.match(new RegExp(noun ↵
     .reading, "g")) ?? []).length;
141
142              // 発音で比較
143              const hit_pronunciation = (sentence.pronunciation.match(new ↵
     RegExp(noun.pronunciation, "g")) ?? []).length;
144              // 文中の省略できる文字を省略して比較
145              const short_reading = getShortSentence(sentence.reading);
146              const hit_short = (short_reading.match(new RegExp(noun ↵
     .reading, "g")) ?? []).length;
147              // 単語の読みの補正して比較（ちょっとした違いなら OK とする）
148              const fuzzy_noun = getFuzzyWord(noun.reading);
149              const hit_fuzzy = (sentence.reading.match(new RegExp ↵
     (fuzzy_noun, "g")) ?? []).length;
150              if (hit_original < Math.max(hit_reading, hit_pronunciation, ↵
     hit_fuzzy, hit_short)) {
151                  return true;
152              }
153          }
154      }
155      return false;
156  }
```

追加

Code `145行目` 「っ」 や伸ばし棒を省く

　getShortSentence 関数で「っ」や伸ばし棒を取り除いた文章を取得します。この関数を使うと、「フトンガフットンダ」という文章は「フトンガフトンダ」として返されます。

Code `4-4-3` main.js

```
228  // 文中の省略できる文字を省略する
229  function getShortSentence(text) {
230      text = text.replaceAll("ッ", "");
231      text = text.replaceAll("ー", "");
232      return text;
233  }
```

Code 143行目 **発音でも比較する**

「超」という単語をカタカナにすると「チョウ」ですが、発音するときは「チョー」と読みます。ここで「チョー」のような発音にも対応することで、「超黒いチョーク（チョークロイチョーク）」のようなダジャレもカバーできるようになります。

Code 148行目 **曖昧一致にも対応**

文章中の名詞を探す際、柔軟にヒットするよう、**getFuzzyWord** で正規表現に書き換えています。例えば「マッチ」は変換により「**マ[ツッ]?チ**」になります。

こうすることで「ツ」が大きくても小さくても、あるいはなくても OK になり、「マッチ」「マッチ」「マチ」のいずれにも一致するようになります。つまり「マッチを待ちます」や「マッチを待つ中学生」もダジャレとして認識できるのです。

Code `4-4-4` main.js

```
185  // 単語の読みの補正（ちょっとした違いなら OK とする）
186  function getFuzzyWord(text) {
187      text = text.replaceAll("ッ", "[ツッ]?");
```

```
225      return text;
226  }
```

3 動作確認しよう

これで「布団が吹っ飛んだ」や「智代子のチョコ」といった高度なダジャレを判定することができるようになりました。いろいろなダジャレを入力して試してみてください。

図 4-4-1　一級の高度なダジャレ

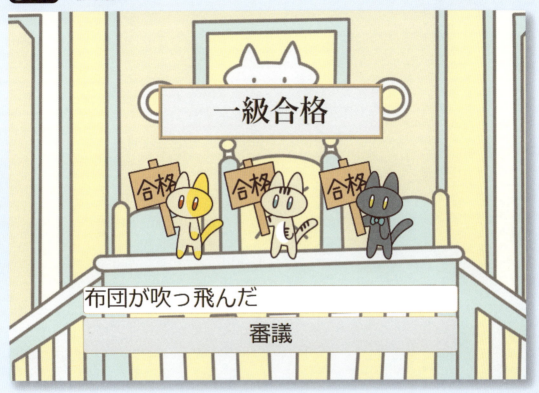

Chapter
5

**誰でも教科書に載れる！
「偉人なりきりメーカー」**

Chapter 5

誰でも教科書に載れる！

この章で作成するアプリ

この章で作る「偉人なりきりメーカー」は一見すると、歴史の教科書の偉人紹介ページのようです。しかし実はこのページ、偉人の肖像画も名前も紹介文もすべて自由に書き換えられるようになっているのです！

Check!

肖像画や紹介文を自由に編集！

保存している画像をアップロードしたり、PC内蔵のカメラを利用して写真を撮ることもできます。

Check!

落書き機能付き！

教科書の肖像画といえば……落書きです。画面上に自由に線を引いたり、色を塗ったりすることもできます。

Roadmap
ロードマップ

SECTION 5-1 偉人の紹介ページを作ろう > P140
まずはシンプルなページを作るよ！

SECTION 5-2 紹介文と肖像画を編集しよう > P146
テキストと画像を変更可能にするよ！

SECTION 5-3 肖像画を加工しよう > P153
モノクロ加工で偉人風に！

SECTION 5-4 落書きをしよう > P160
やってはいけない、だから楽しい

FIN

― この章で学ぶこと ―

- ☑ 画像はドットの配列として扱う！　加工も自由自在！
- ☑ PCのカメラにアクセスして写真を撮る！
- ☑ 「canvas」を使って自由にお絵かき！

Go to the next page!

SECTION 5-1 偉人の紹介ページを作ろう

　第5章で作るのは、「**偉人なりきりメーカー**」です。歴史の教科書に掲載されているような偉人の紹介ページを作り、画像やテキストの編集機能や、自由に落書きできる機能を追加していきます。肖像画や名前を自分自身に置き換えて、教科書に載っている偉人の気分を味わってみましょう。

5-1-1 アプリの画面要素を確認しよう

　今回作るアプリの画面には、多くの構成要素があります。まずは、これらの要素を確認しましょう。アプリの画面は、図5-1-1に示すような要素で構成されています。

図 5-1-1　このアプリを構成する部品

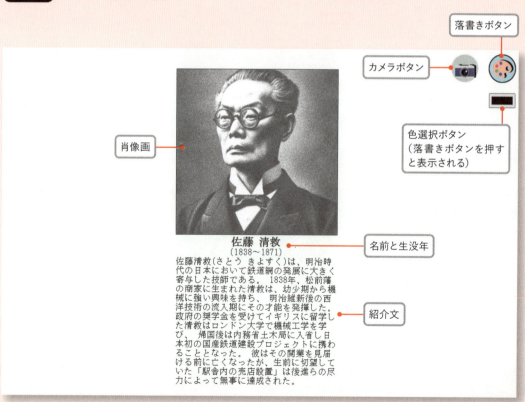

5-1-2 アプリの機能を確認しよう

続いて、このアプリが持っている様々な機能についても確認しておきましょう。

プロフィールを編集する機能

図 5-1-2 テキストの編集

掲載されている偉人の名前、生没年、紹介文のテキストを自由に編集することができます。

肖像画をアップロードする機能

図 5-1-3 肖像画のアップロード

掲載されている偉人の肖像画を好きな画像に差し替えることができます。

● PCのカメラを使って写真を撮る機能

肖像画に使う写真をPCのカメラを使って撮影することができます。

図 5-1-4　写真の撮影

● 落書きする機能

アプリの画面上に、マウスを使って線を描いたり、色を塗ったりすることができます。色は色選択ボタンから、自由に選ぶことができます。

図 5-1-5　落書き機能

構成要素と機能を踏まえて、アプリの作成は次のような手順で進めていくことにします。

①シンプルな「偉人の紹介ページ」の画面を作る
②紹介文と肖像画を自分で好きなように編集できるようにする
③画像をモノクロに加工したり、PCのカメラを使って写真を撮ったりできるようにする
④ページに落書きできるようにする

　この節では、まず「偉人の紹介ページ」の画面を作成していきましょう。この画面が、後の解説で様々な機能を追加していく土台となります。

5-1-3　現時点のアプリの画面を確認しよう

　アプリの画面から作り始める流れは、これまでの章と同様です。ダウンロードファイルに下ごしらえ済みのファイルを用意しているので、そちらを使用します。第2章の39ページと同様の手順で、ダウンロードファイルの「5」フォルダの中の「5-1」フォルダをVSCodeで開いてください。
　「5-1」フォルダには以下のファイルが収められています。

表5-1-1　下ごしらえ済みのファイル

ファイル名	概要
index.html	アプリの画面の構造にあたるHTML
main.css	アプリの画面の装飾にあたるCSS
main.js	アプリの動作にあたるJavaScript
face.png	アプリの画面で用いる肖像画の画像

　index.htmlを開いてみましょう。ほとんど何も表示されません。

図5-1-6　現時点のアプリの画面

5-1-4 紹介文を書こう

何もない画面上に、要素を追加していきます。最初に、架空の偉人の名前と生没年、紹介文のテキストを書いていきましょう。**index.html** に以下のようにコードを書き足してください。

Code 5-1-1 index.html

```
25      <div id="main">
26          <div id="photo">
27              <!-- 肖像画 -->
28              <!-- ビデオ -->
29          </div>
30          <!-- 名前 -->
31          <div id="full_name">佐藤 清救</div>   ← 追加
32          <!-- 生没年 -->
33          <div id="birth">(1838 〜 1871)</div>   ← 追加
34          <!-- プロフィール -->
35          <div id="profile">
36              佐藤清救（さとう きよすく）は、明治時代の日本において鉄道網の発展に大きく寄与した技師である。
37              1838年、松前藩の商家に生まれた清救は、幼少期から機械に強い興味を持ち、
38              明治維新後の西洋技術の流入期にその才能を発揮した。
39              政府の奨学金を受けてイギリスに留学した清救はロンドン大学で機械工学を学び、
40              帰国後は内務省土木局に入省し日本初の国産鉄道建設プロジェクトに携わることとなった。
41              彼はその開業を見届ける前に亡くなったが、生前に切望していた「駅舎内の売店設置」は後進らの尽力によって無事達成された。
42          </div>
43      </div>
```
（36〜41行 追加）

図 5-1-7 テキストが表示される

ブラウザで index.html を再読み込みし、表示を確認してみましょう。画面上に、プログラムに打ち込んだテキストが表示されていれば正しく動作しています。

> テキスト量が多くて大変だ〜

> テキストは多少間違っていても動作に支障はないけど、頑張って打ち込もう

5-1-5 肖像画を置こう

次は肖像画の画像を追加していきます。これまでの章では画像を追加する際は、image タグを使っていました。今回は新たに **canvas** というタグを使います。canvas は、図形を描くために使用するタグですが、これを使用した理由については後述します。

Code 5-1-2 index.html

```
26          <div id="photo">
27              <!-- 肖像画 -->
28              <canvas id="face" width="300" height="300"></canvas>   ← 追加
29              <!-- ビデオ -->
30          </div>
```

画像の指定は、**main.css** で行います。face という ID が指定された canvas タグに背景画像を指定しましょう。背景画像はダウンロードファイルの中にある **face.png** を指定します。この画像は、AI が生成した架空の偉人の肖像画です。

Code 5-1-3 main.css

```
48  #face {
49      border: 1px solid #000000;
50      background-size: cover;
51      /* 肖像画 */
52      background-image: url("./face.png");   ← 追加
53  }
```

図 5-1-8 偉人の紹介ページ

ここまでの作業が完了したら **index.html** を開いてみましょう。肖像画、人物名、生没年、解説文が表示されれば、正しく動作しています。

SECTION 5-2 紹介文と肖像画を編集しよう

これまでの作業で、シンプルでごく普通の「偉人の紹介ページ」の画面が完成しました。ここからは、この画面に様々な機能を追加していきましょう。

5-2-1 紹介文を書き換えよう

まずは紹介文を自由に編集できるようにします。contentEditable="true" を付けると div 要素の中身を編集できるようになります。

Code 5-2-1 index.html

```
31        <!-- 名前 -->
32        <div id="full_name" contentEditable="true">佐藤 清救 </div>   ← 修正
33        <!-- 生没年 -->
34        <div id="birth" contentEditable="true">(1838 〜 1871)</div>   ← 修正
35        <!-- プロフィール -->
36        <div id="profile" contenteditable="true">   ← 修正
```

図 5-2-1 歴史の修正

それではブラウザを開いて、紹介文の名前の部分をクリックしてから、キー入力してみましょう。「佐藤清救」の名前を「佐藤あいうえお」に修正できました。

5-2-2 肖像画を変更しよう

続いて、肖像画を変更可能にしましょう。

1 顔写真クリックでアップロードできるようにしよう

PC 内に保存されたファイルを選択するダイアログが表示されるボタンを追加しましょう。index.html に次のコードを追加します。

Code **5-2-2** index.html

```
47   <!-- アップロードボタン（隠し）-->
48   <input type="file" id="file">  ●──[ 追加 ]
49   <div id="footer"> 偉人なりきりメーカー </div>
```

今回は顔写真をクリックでアップロードしたいので、ボタンそのものは CSS で非表示にしてしまいます。main.css にはあらかじめ、画面に要素を表示しないようにするための **display:none** の指定があります。

Code **5-2-3** main.css

```
95   #file {
96       display: none;
97   }
```

肖像画をクリックしたときに、非表示にしたファイルボタンを押すようにしましょう。

Code **5-2-4** main.js

```
29   // 画像をクリックしたときの処理
30   function clickFace() {
31       file.click();  ●──[ 追加 ]
32   }
```

そして肖像画が押されたときの処理を書きます。ファイルを読み込む機能を使って、画像ファイルを読み込んだときに **faceDraw** 関数を実行します。

Code 5-2-5 main.js

```
34  // 画像を読み込む
35  function loadLocalImage(e) {
36      const fileData = e.target.files[0];
37      if (fileData.type.match("image.*")) {
38          const reader = new FileReader();
39          reader.onload = function () {
40              faceDraw(reader.result);
41              file.value = "";
42          }
43          reader.readAsDataURL(fileData);
44      }
45  }
```

36〜44 追加

　それではブラウザで動作確認してみましょう。肖像画をクリックするとファイル選択用のウィンドウが表示されます。

図 5-2-2 ファイル選択のウィンドウ

1 肖像画をクリック
2 ウィンドウが表示される

148

画像を選択するウィンドウが開いたら、PC内の好きな画像を選択してみましょう。肖像画が置き換われば正しく動作しています。

図 5-2-3　肖像画が変更された

2　画像をキャンバスに貼り付ける仕組み

　faceDraw関数では画像の初期化、選択した画像の読み込み、正方形に補正、貼り付けという4つの処理を実行しています。

図 5-2-4　画像の貼り付け

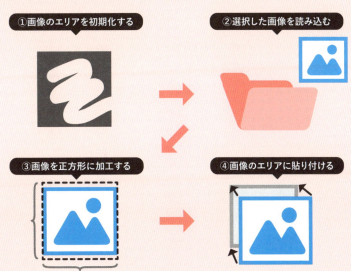

具体的なコードの中身を見ていきます。このコードは読むだけで OK です。

Code `5-2-6` main.js

```
47  // 画像を書き出す
48  function faceDraw(data) {
49      const ctx = face.getContext("2d");
50      const img = new Image();
51      ctx.clearRect(0, 0, face.width, face.height);
52      img.src = data;
53      img.onload = function () {
54          let height, width, x, y;
55          if (img.width / img.height > 1) {
56              height = face.height;
57              width = img.width * (height / img.height);
58              x = (face.width - width) / 2;
59              y = 0;
60          } else {
61              width = face.width;
62              height = img.height * (width / img.width);
63              x = 0;
64              y = (face.height - height) / 2;
65          }
66          ctx.drawImage(img, x, y, width, height);
67          // グレースケールに変換
68
69      }
70  }
```

Code `49〜51行目` **画像の初期化**

まず **face** という canvas 要素から **getContext("2d")** で絵を書くためのコンテキストオブジェクトを取得しています。ここでは二次元の画像を書き込むので 2d を指定しています。canvas に絵を書くときは canvas ではなくこの context を通して機能を呼び出します。そして clearRect で画像のエリアを初期化しています。

Code `52〜53行目` **画像の読み込み**

img.src = data では、仮の image 要素を作って画像の URL を指定する src 属性に data を流し込んでいます。そして **img.onload = function() {...}** で画像のロードが完了した後に実行する処理を登録しています。

150

Code 55〜65行目　サイズの補正

画像が縦長か横長かで処理を分けて、画像を正方形に変形しています。

Code 66行目　画像の貼り付け

読み込んだ画像を canvas の context に貼り付けています。「画像を canvas の左端から x ピクセル、上端から y ピクセルの位置に、幅が width、高さが height で貼り付ける」を図にするとこんな感じです。

図 5-2-5　位置を表すxとy、高さと幅を表すheightとwidth

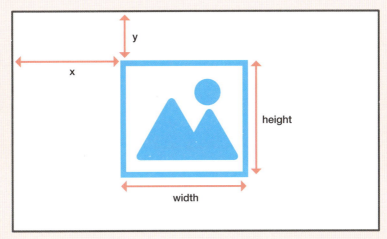

数学のグラフを思い出すね

canvasで画像や図形を表示する

canvas は JavaScript を使って図形や画像を描くための要素です。線を引いたり、指定した色で塗りつぶしたり、画像を貼り付けたりすることができます。次のようにキャンバスのコンテキストを取得し、メソッドを呼び出すことでキャンバスに絵を描くことができます。

● キャンバスのコンテキストを取得する

```
1  コンテキスト = キャンバス要素.getContext("2d");
```

● コンテキストのメソッドを呼び出す

```
1  コンテキスト.メソッド(引数)
```

canvas の代表的な機能を紹介します。まずは **drawImage** です。canvas に位置やサイズを指定して画像を貼り付ける機能です。

● drawImage

```
1  コンテキスト.drawImage(画像, x座標, y座標, 幅, 高さ)
```

fillRect は四角形の形で塗りつぶす機能です。

● fillRect

```
1  コンテキスト.fillRect(x座標, y座標, 幅, 高さ)
```

fillText は指定した座標に文字を表示する機能です。

● fillText

```
1  コンテキスト.fillText(x座標, y座標, 最大幅)
```

また、フォントの種類を指定することもできます。

● フォントの指定

```
1  コンテキスト.font = "フォントサイズ フォントの種類"
```

SECTION 5-3 | 肖像画を加工しよう

ここからは画像の加工に挑戦します。雰囲気を出すために画像をモノクロに変換しましょう。

5-3-1 画像をモノクロにしよう

● 画像の色の正体

画像のモノクロ変換に取り組む前に、コンピュータの色について解説します。コンピュータで色を表現するには、赤・緑・青の**光の三原色**を混ぜ合わせる方法が使われます。

それぞれの色は 0 ～ 255 の 256 階調で表現され、3 色すべてが 0 だと真っ黒、3 色すべてが 255 だと真っ白になります。例えば、下のリンゴのドット絵のハイライト部分は赤 255、緑 242、青 204 の割合です。

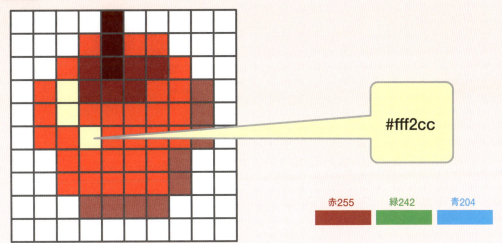

図 5-3-1 画像はドットの集まり、ドットは赤緑青の混ぜ合わせ

この赤・緑・青の数字を変更すると色を調整できます。赤の数字だけ大きくすると赤っぽく、赤と青を大きくすると紫っぽくなり、全部を大きくすると白っぽい色、全部を小さくすると黒っぽい色になります。

あれ？ 三原色は赤・青・黄色じゃなかったっけ？

それは絵の具を混ぜるときの「色の三原色」だね。光の三原色は光を混ぜ合わせるときに使うよ

🔴 モノクロにしよう

それでは色をモノクロにするにはどうすればよいのでしょうか。答えは簡単で、**赤・緑・青を足して 3 で割り、平均値を設定すればよい**のです。すべての色が同じ割合なので灰色になります。

図 5-3-2 色の平均化

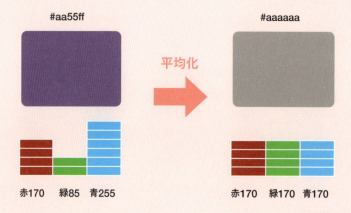

それでは色を平均化するようにコードを修正していきましょう。まずは faceDraw に灰色化するための関数、**grayscale** 関数を呼び出す処理を追加します。

Code 5-3-1 main.js

```
47  // 画像を書き出す
48  function faceDraw(data) {
49      const ctx = face.getContext("2d");
50      const img = new Image();
51      ctx.clearRect(0, 0, face.width, face.height);
52      img.src = data;
53      img.onload = function () {
54          let height, width, x, y;
```

```
66          ctx.drawImage(img, x, y, width, height);
67          // グレースケールに変換
68          grayscale(ctx);   ← 追加
69      }
70  }
```

canvasに書き出されたデータは色を表す数字の配列として扱うことができます。この配列には左上から順番に色が格納されていて、1つのドットは赤・緑・青・透明度の4つパラメータで表されます。赤・緑・青を足して3で割ると平均値になるので、その値を再度入れ直しています。

Code 5-3-2 main.js

```
72  // グレースケールに変換
73  function grayscale(ctx) {
74      const width = ctx.canvas.width;
75      const height = ctx.canvas.height;
76      const imageData = ctx.getImageData(0, 0, width, height);
77      for (let i = 0; i < width * height * 4; i += 4) {
78          const r = imageData.data[i];
79          const g = imageData.data[i + 1];
80          const b = imageData.data[i + 2];
81          const brightness = (r + g + b) / 3;
82          imageData.data[i] = brightness;
83          imageData.data[i + 1] = brightness;
84          imageData.data[i + 2] = brightness;
85      }
86      ctx.putImageData(imageData, 0, 0)
87  }
```

（追加）

　それではカラフルな画像をモノクロに変換してみましょう。ブラウザ上でindex.htmlを読み込み直したら、肖像画を再びPC内の好きな画像に差し替えます。画像がモノクロに加工された状態で表示されれば正しく動作しています。

図 5-3-3 モノクロに加工された

5-3-2 写真を撮ろう

画像をモノクロに変換する処理を追加しました。偉人の肖像画を自分の写真に差し替えればいつでも自分を歴史の1ページに加えることができます。しかし、せっかくなら過去の自分よりも、現在の自分の写真を残したほうがよいでしょう。そこで、PCに付属されたカメラ機能を使って写真を撮る機能を追加します。**この機能を利用するにはカメラが必要です。カメラが付いていないPCを使っている方はUSBなどで接続する外付けカメラをご用意ください。**

1 カメラボタンを置こう

まずindex.htmlにカメラを起動するためのボタンを追加しましょう。ボタンのアイコンにはカメラの絵文字を使用します。「Windowsキー」と「ピリオド（.）」を同時押しすると絵文字を入力できます。

Code 5-3-3 index.html

```
15          <div id="functions">
16              <!-- ペイントボタン -->
17              <!-- カメラボタン -->
18              <button class="function" id="camera">📷</button>    ← 追加
19          </div>
```

そしてvideo要素を肖像画に重ねる形で配置します。こうすることで、現在設定されている肖像画の画像の上に、カメラに映っている映像を重ねます。カメラの絵文字は「かめら」と入力して変換しましょう。

Code 5-3-4 index.html

```
27          <div id="photo">
28              <!-- 肖像画 -->
29              <canvas id="face" width="300" height="300"></canvas>
30              <!-- ビデオ -->
31              <video id="video" class="hide" width="300" height="300" autoplay>⏎
    </video>    ← 追加
32          </div>
```

video要素って何？

video 要素は Web ページに動画を埋め込むためのタグです。この書籍では PC のカメラから映像を流す使い方をしていますが、一般的には以下のように動画の URL を指定して動画を埋め込みます。

●動画のURLの指定

```
1  <video src="動画の URL"></video>
```

video 要素には以下のようなオプション機能があります。

●video要素のオプション

オプション	説明
autoplay	自動再生します
controls	再生、一時停止、音量、シークバーなどのUIを表示します
loop	ループ再生します
muted	ミュートします
poster	サムネイル画像を指定します

2 カメラを起動しよう

今度は JavaScript でカメラを読み込む機能を追加します。**navigator.mediaDevices.getUserMedia** を使ってカメラのストリーミング映像を取得し、先ほど追加した video 要素に流し込みます。main.js を次のように修正しましょう。

Code 5-3-5 main.js

```js
101  // カメラを起動する
102  function loadVideo() {
103      navigator.mediaDevices.getUserMedia({
104          audio: false,
105          video: {
106              width: { ideal: 300 },
107              height: { ideal: 300 }
108          }
109      }).then(function (stream) {
110          video.srcObject = stream;
111      });
112  }
```

（103〜108行目あたりに「追加」の指示）

　index.html をブラウザで開いて動作を確認しましょう。カメラボタンをクリックすると、肖像画のあった位置にカメラの映像が映し出されます。

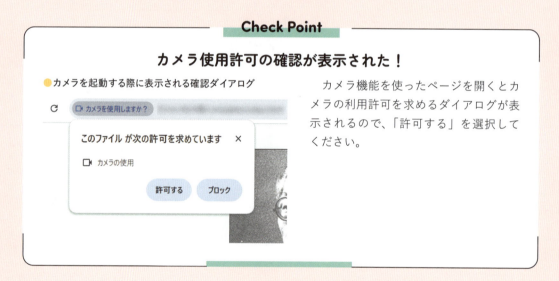

Check Point

カメラ使用許可の確認が表示された！

●カメラを起動する際に表示される確認ダイアログ

カメラ機能を使ったページを開くとカメラの利用許可を求めるダイアログが表示されるので、「許可する」を選択してください。

3 撮影しよう

　カメラボタンを押すとカメラに映っている映像がリアルタイムで肖像画に反映されるようになりました。もう一度ボタンを押すと、その瞬間の画像を切り取って静止画にする機能を作りましょう。次のように main.js を修正します。

Code 5-3-6 main.js

```
114  // カメラで撮影した画像を表示する
115  function takePhoto() {
116      const ctx = face.getContext("2d");
117      ctx.drawImage(video, 0, 0, face.width, face.height);
118      grayscale(ctx);
119      video.pause();
120  }
```

116〜119 追加

カメラボタンを押すと撮影が始まり、もう一度ボタンを押すと写真をパチリと撮れます。

図 5-3-4 偉人になれる

佐藤 清救
(1838〜1871)
佐藤清救(さとう きよすく)は、明治時代の日本において鉄道網の発展に大きく寄与した技師である。 1838年、松前藩の商家に生まれた清救は、幼少期から機械に強い興味を持ち、 明治維新後の西洋技術の流入期にその才能を発揮した。 政府の奨学金を受けてイギリスに留学した清救はロンドン大学で機械工学を学び、 帰国後は内務省土木局に入省し日本初の国産鉄道建設プロジェクトに携わることとなった。 彼はその開業を見届ける前に亡くなったが、生前に切望していた「駅舎内の売店設置」は後進らの尽力によって無事達成された。

わあ、写真が撮れた！

SECTION 5-4 落書きをしよう

ここまでに追加したテキストの変更機能、肖像画の撮影・変更機能で、あなたも教科書に載っているような偉人になりきれるようになりました。しかし、教科書に載っている肖像画といえば、**落書き**が付き物ですよね。この節では、これまで作成してきたアプリの画面上に自由に落書きができる機能を追加してみましょう。

また始めに注意として、**落書きしたアプリの画面をSNSなどで公開する場合、肖像画の画像には実在の人やキャラクターなどは設定しないようにしましょう**。

自分の顔写真を使えば、自由に落書きできるね

5-4-1 落書きモードを追加しよう

落書きをするためのモードを追加しましょう。

1 落書きボタンを追加しよう

まずは落書きボタンを配置します。このボタンによって、落書きモードのオンオフを切り替えられるようにします。ボタンのアイコンは、こちらも🎨（パレット）の絵文字を使います。

Code 5-4-1 index.html

```
15      <div id="functions">
16          <!-- ペイントボタン -->
17          <button class="function" id="paint">🎨</button>   ← 追加
18          <!-- カメラボタン -->
19          <button class="function" id="camera">📷</button>
20      </div>
```

2 落書き領域を用意しよう

　落書きができる範囲を、肖像画の領域のみにしてしまうと少し手狭です。せっかくなので肖像画の外側や、名前や紹介文のテキスト部分にも落書きできるようにしましょう。まずは落書き用の領域のために肖像画とは別の canvas を用意します。この背景が透明な canvas が落書きできる範囲を覆います。

Code 5-4-2 index.html

```
26    <div id="out">
27        <div id="main">
28            <div id="photo">
29                <!-- 肖像画 -->
30                <canvas id="face" width="300" height="300"></canvas>
31                <!-- ビデオ -->
32                <video id="video" class="hide" width="300" height="300" ⏎
    autoplay></video>
33            </div>
34            <!-- 名前 -->
35            <div id="full_name" contentEditable="true">佐藤 清救 </div>
36            <!-- 生没年 -->
37            <div id="birth" contentEditable="true">(1838 〜 1871)</div>
38            <!-- プロフィール -->
39            <div id="profile" contenteditable="true">
```
```
46            </div>
47        </div>
48        <!-- 落書きエリア -->
49        <canvas id="rakugaki" class="hide"></canvas>    ●──[ 追加 ]
50    </div>
```

　そして main.js の **clickPaint** 関数に以下のように処理を書き加えます。

Code 5-4-3 main.js

```
122 // ペイントボタンクリック時の処理
123 function clickPaint() {
124     ranugaki_mode = !ranugaki_mode;
125     paint.classList.toggle("on");
126     // お絵描き領域を切り替える
127     rakugaki.classList.toggle("hide");   ┐
128     resize();                            ┘──[ 追加 ]
129     // パレット切り替え
130
131 }
```

| Code | 127行目 | **透明な落書きエリアを用意する** |

これは **id="rakugaki"** の div の hide クラスを着脱することで表示・非表示を切り替えています。hide クラスには、main.css の中であらかじめ display:none という CSS が適用されています。これは、要素を非表示にするスタイルです。

| Code | 5-4-4 | main.css |

```
120  .hide {
121      display: none;
122  }
```

| Code | 128行目 | **落書きエリアを画面全体に広げる** |

resize() というメソッドが呼ばれています。ここでは紹介文と肖像画の外側の領域に canvas を広げる処理が実行されています。canvas はサイズを変えると中身がリセットされます。

| Code | 5-4-5 | main.js |

```
133  // 画面サイズ変更時の処理
134  function resize() {
135      rakugaki.width = rakugaki.offsetWidth;
136      rakugaki.height = rakugaki.offsetHeight;
137  }
```

3 マウスを使って線を引こう

マウスを使って線を引き、絵を描けるようにしましょう。次の3つのマウスの動き（マウスイベント）を使います。

- **mousedown**：マウスのボタンが押される
- **mousemove**：マウスが移動する
- **mouseup**：マウスのボタンが押し終わる

mousedown を起点にペンで描き始めて、定期的に発生する mousemove イベントで点と点を線で結び、mouseup で描き終わります。

162

図 5-4-1 線を描く流れ

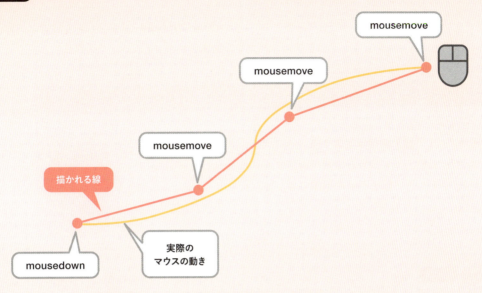

4 描き始めの処理を書こう

マウスのボタンを押したときの処理を書きます。ここでは以下のようなことをしています。

- fillStyle で色を指定（初期状態は黒色）
- fillRect で縦 1px 横 1px の四角形を描く
- mouse_on でマウスを押している最中であることを記憶する
- prev_point に今の x 座標と y 座標を記憶する

Code 5-4-6 main.js

```
139  // ペンの描き始め
140  function drawStart(e) {
141      if (ranugaki_mode) {
142          const bounds = rakugaki.getBoundingClientRect();
143          const ctx = rakugaki.getContext("2d");
144          ctx.fillStyle = pen_color;
145          ctx.fillRect((e.clientX - bounds.left), (e.clientY - bounds.top), 1, 1)
146          mouse_on = true;
147          prev_point.x = (e.clientX - bounds.left);
148          prev_point.y = (e.clientY - bounds.top);
149      }
150  }
```

追加

5 マウスを押している間の処理を書こう

続いてマウスを動かしたときの処理を書きます。この処理は **mouse_on** でマウスが押されているかどうかを見て、押されているときのみ実行されます。先ほどはマウスのボタンを押したときに点を打ちました。今度は線を引きます。

- strokeStyle で線の色を指定する
- lineWidth で線の幅を指定する
- beginPath で線の開始を宣言する
- moveTo で線を引き始める位置を指定する（prev_point の座標）
- lineTo でどこまで線を引くか指定する
- stroke でピッと線を引く
- prev_point に今の座標を格納する

Code **5-4-7** main.js

```
152  // ペンの描き途中
153  function drawLine(e) {
154      if (ranugaki_mode && mouse_on) {
155          const bounds = rakugaki.getBoundingClientRect();
156          const ctx = rakugaki.getContext("2d");
157          ctx.strokeStyle = pen_color;
158          ctx.lineWidth = 3;
159          ctx.beginPath();
160          ctx.moveTo(prev_point.x, prev_point.y);
161          ctx.lineTo((e.clientX - bounds.left), (e.clientY - bounds.top));
162          ctx.stroke();
163          prev_point.x = (e.clientX - bounds.left);
164          prev_point.y = (e.clientY - bounds.top);
165      }
166  }
```

追加

6 マウスを離したときの処理を書こう

マウスのボタンを押し終わったら、mouse_on を false にします。これをしないとマウスを追いかけるように線がずっと引かれ続けてしまいます。

Code 5-4-8 main.js

```
168  // ペンの描き終わり
169  function drawEnd() {
170      mouse_on = false;   ← 追加
171  }
```

これで落書きできるようになりました。index.html を開いてブラウザで確認してみましょう。🎨ボタンを押すと落書きモードになることが確認できるでしょうか。

図 5-4-2 落書きモード

canvasで線を引く

canvas を使えば特定の場所から場所へ線を引くことができます。まず、線を引くには **beginPath** を使って始点を宣言します。

● 線の始点を宣言する

1 コンテキスト.beginPath()

そして **moveTo** を使って、線の終点の座標を設定します。

●線の終点を設定する

```
1  コンテキスト.moveTo(x座標,y座標)
```

lineTo を使うと始点から終点まで線を引くことを指定できます。

●始点から終点まで線を引くことの指定

```
1  コンテキスト.lineTo(x座標,y座標)
```

しかし lineTo を使っただけでは線は引かれません。**stroke** を呼び出したタイミングで初めてまとめて線が引かれます。

●実際に線を引く

```
1  コンテキスト.stroke()
```

また線と線を自動で繋ぐ、**closePath** という便利な機能もあります。

●線と線を繋ぐ

```
1  コンテキスト.closePath()
```

lineTo を 2 回使って 2 つの線を引いた後、最後に closePath を実行すると開始地点まで線を引いて図形を自動で閉じることができます。図は線を引いて三角形を作ったときのイメージです。

複数の線で閉じた空間は **Fill** を使って塗りつぶすこともできます。

●closePathで三角形を作る

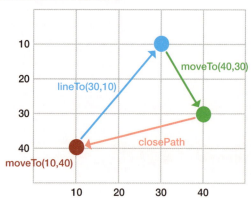

●塗りつぶす

```
1  コンテキスト.Fill()
```

canvas には他にもいろいろな機能があります。詳しく知りたい人は、公式のドキュメントを確認してみましょう。

🌐 https://developer.mozilla.org/ja/docs/Web/API/Canvas_API

5-4-2 ペンの色を変えよう

1 色変更ボタンを追加しよう

最後に、ペンの色を変える機能を追加しましょう。カラーパレットの要素を追加します。これは色選択メニューを表示するための機能です。

Code **5-4-9** index.html

```
21          <div id="tools">
22              <!-- パレット -->
23              <input type="color" id="color" class="hide">   ← 追加
24          </div>
```

色を選択する入力ボックスが追加されました。この機能は落書きモードのときだけ使用できればよいので、🎨ボタンがクリックされた際に、色選択のパレットの表示を切り替えるようにします。

Code **5-4-10** main.js

```
122  // ペイントボタンクリック時の処理
123  function clickPaint() {
124      ranugaki_mode = !ranugaki_mode;
125      paint.classList.toggle("on");
126      // お絵かき領域を切り替える
127      rakugaki.classList.toggle("hide");
128      resize();
129      // パレット切り替え
130      color?.classList.toggle("hide");   ← 追加
131  }
```

それでは、ここまでの動作を確かめてみましょう。ブラウザの画面を再読み込みしてから、落書きボタンをクリックします。すると、色変更ボタンが表示されるのでクリックすると、色を選択できるカラーパレットが表示されます。

図 5-4-3　色選択パレット

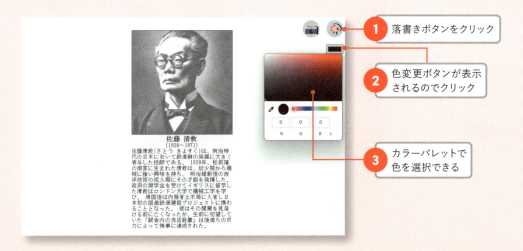

2　色を変えよう

　現時点では、カラーパレットで色を選択しても、落書きのペンの色には反映されません。カラー要素が変更されたら、ペンの色を管理する変数を書き換えるように、main.js を修正します。

Code 5-4-11　main.js

```
173  // ペンの色変更
174  function colorChange(e) {
175      pen_color = e.target.value;   ← 追加
176  }
```

　改めて、動作を確かめてみましょう。カラーパレットで選択した色が落書きのペンの色に反映されれば正しく動作しています。

図 5-4-4　いろいろな色で落書き

いろんな落書きを試してみよう！

Chapter 6

声援が力に変わる！
「スイカ割り応援上映」

Chapter 6

声援が力に変わる！

この章で作成するアプリ

この章で作るのは、スイカ割りゲームのアプリです。PCに向かって「右」「左」「今だ！」と声を出し、キャラクターをスイカの位置に導きます。実際のスイカ割りのような臨場感あふれるゲームを作ってみましょう。

Check!

声だけで簡単操作！

PCのマイクに向かって叫べば、その声を受け取ったオバケが上下左右へ方向転換します。上手にスイカに誘導してクリアを目指しましょう。

Roadmap
ロードマップ

SECTION 6-1 キャラクターを表示しよう > P172 — 画面にキャラクターを表示するよ

SECTION 6-2 キャラクターを動かそう > P180 — まずはキー入力で操作をしてみよう

SECTION 6-3 声で操作しよう > P187 — 音声認識機能を作ってみよう

SECTION 6-4 ゲームとして仕上げよう > P196 — ゲームクリア判定をしよう

FIN

Point
——この章で学ぶこと——

☑ 「SVG」という画像フォーマットを使ってアプリ画面を作る！
☑ 入力に応じて画面を更新し、キャラクターを操作する！
☑ 音声による操作はブラウザの音声認識機能を使う！

Go to the next page! →

SECTION

6-1 | キャラクターを 表示しよう

第6章ではスイカ割りゲームのアプリを作ります。このゲームの特徴は、**キャラクターの操作を音声で行う**点です。PCに向かって声を発して、キャラクターを移動させたり、攻撃させたりしてみましょう。

6-1-1 ざっくり全体像を確認しよう

まずは、今回作成するプログラムの全体像を把握しておきましょう。ダウンロードファイルに下ごしらえ済みのファイルを用意しているので、そちらを使用します。第2章の39ページと同様の手順で、ダウンロードファイルの「6」フォルダの中の「6-1」フォルダをVSCodeで開いてください。この章では今までより複雑なアプリを作るので、ファイルの数が増えています。

表 6-1-1 下ごしらえ済みのファイル

ファイル名	概要
index.html	画面を構成するキャラクターを配置するHTML
main.css	画面の装飾を定義するCSS
Images	キャラクターや背景の画像が格納されているフォルダ
main.js	プログラムの起点となるJavaScriptファイル。他の3つのJavaScriptファイルにある関数を呼び出す
js/setup.js	ゲームの準備を行うJavaScriptファイル
js/render.js	ゲームの状態を画面に反映するJavaScriptファイル
js/update.js	入力されたキーに応じてゲームの状態を更新するJavaScriptファイル

JavaScriptファイルが、処理の起点となるmain.js以外に3つも登場しています。main.js以外のJavaScriptファイルの役割・関係をまとめたのが次の図です。

172

図 6-1-1 処理の流れ

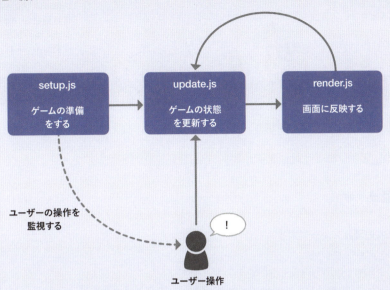

まず **setup.js** が一度だけ実行され、ゲームの準備をします。このとき、ユーザーのキー入力や音声操作のモニタリングが始まります。次に **update.js** でユーザー操作を受け取り、オバケの方向転換などを行ってゲームの状態を更新します。その後、**render.js** でゲームの状態を画面に反映します。この「入力を受け取る」→「ゲームの状態を更新する」→「画面に反映する」の流れはゲーム中繰り返し実行されます。

それを踏まえて main.js の中身を覗いてみましょう。main.js の処理はこのようになっています。

Code 6-1-1 main.js

```
37  // ゲームの流れをループする
38  function step(time) {
```

```
46      requestAnimationFrame(step); // 次の step を呼び出す
47  }
48
49  setup();
50  requestAnimationFrame(step);
```

requestAnimationFrame という長い名前の関数があります。これは「与えられた関数を、ブラウザが描画する直前に実行する」機能を持ちます。要するに、任意の処理をちょうどよいタイミングで少し遅らせて実行してくれるということで、requestAnimationFrame(step); は step() を実行しているのとほぼ同じことです。その step 関数の中で requestAnimationFrame(step); を実行しているので、この処理は無限ループしています。

無限にループしちゃって大丈夫なのかな？

requestAnimationFrameには負荷がかかりすぎないように実行頻度を調整する役割もあるんだ

それでは無限ループの中で何をやっているのかも詳しく見てみましょう。

Code 6-1-2 main.js

```javascript
37  // ゲームの流れをループする
38  function step(time) {
39      if (time - prevTime >= INTERVAL) {
40          const comment = commentQueue.shift(); // コメントを取得
41          const action = actionQueue.shift(); // アクションを取得
42          gameState = update(gameState, action); // 状態を更新
43          render(gameState, comment); // 画面を描画
44          prevTime = time;
45      }
46      requestAnimationFrame(step); // 次の step を呼び出す
47  }
```

Code 40〜41行目　入力の受け取り

この部分で、ユーザーからの入力を受け取っています。ユーザーが発した声援の声と、オバケへの指示が変数に入ります。

Code 42〜43行目　状態の更新と画面への反映

そして update 関数に現在のゲームの状態とアクションを渡して、更新された新しい状態を受け取り、それを画面に反映させています。

6-1-2 画面にキャラクターを表示させよう

現時点のアプリの画面を確認してみましょう。index.html をブラウザで開くと、ゲーム画面の背景が表示されますが、キャラクターは表示されていません。

図 6-1-2 現時点の画面

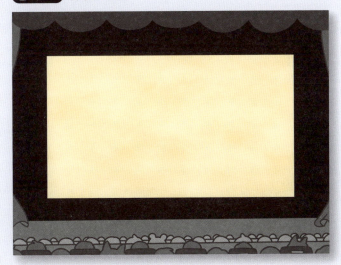

そこで、まずは画面にキャラクターを表示しましょう。この章では **SVG** という画像形式を使ってゲーム画面を表現します。SVG を使うことで、図形や画像をより柔軟に扱うことができます。

まずは index.html の svg タグの中にオバケ、カニ、スイカの画像を追加しましょう。

Code 6-1-3 index.html

```
17  <svg id="field" width="1240" height="827" class="play" version="1.1" xmlns=
    "http://www.w3.org/2000/svg">
18      <image id="beach" href="./images/beach.png" x="220" y="140" width="800"
    height="450" />
19      <!-- おばけ -->
20      <image id="obake" x="0" y="0" width="300" height="300" />    ← 追加
21      <!-- カニ -->
22      <image id="kani" href="./images/kani.png" x="250" y="450" width="60" height="40"
    />    ← 追加
23      <!-- スイカ -->
24      <image id="suika" href="./images/suika1.png" x="250" y="450" width="80"
    height="80" />    ← 追加
25      <image id="theater" href="./images/theater.png" x="0" y="0" width="1240"
    height="827" class="closed" />
```

SVGはタグを組み合わせて絵を組み立てる特殊な画像形式です。画像の中身をHTMLと同じように JavaScriptから編集することもできます。

render.js の **renderObake** は、SVGの中に配置されたオバケの座標を変更したり、画像のURLを差し替えてオバケに移動のアニメーションをさせたりする関数です。引数で受け取った obake オブジェクトの座標を指定してみましょう。

Code `6-1-4` render.js

```
10  // おばけを描画する
11  function renderObake(obake, gameMode, counter) {
12      const obakeElement = document.querySelector("#obake");
13      const x = obake.point.x - 300 / 2;
14      const y = obake.point.y - 300 / 2;
15      obakeElement.setAttribute("x", x);
16      obakeElement.setAttribute("y", y);
17
18      obakeElement.setAttribute("href", "./images/Obake" + obake.direction + "1.png");
19  }
```

`追加`

ちなみに引数で受け取る obake オブジェクトは main.js で定義されています。

Code `6-1-5` main.js

```
9   // ゲームの状態
10  let gameState = {
```

〜〜〜〜〜〜〜〜〜〜〜〜〜〜〜〜〜〜〜〜〜〜〜〜〜〜〜〜〜〜〜〜〜〜〜〜〜〜〜

```
13      obake: {
14          direction: "Left", // "Up" or "Down" or "Left" or "Right"    ← オバケの向き
15          point: {
16              x: 920,
17              y: 240 + Math.random() * 250      オバケの位置
18          },
19          atack: false,                        オバケが攻撃中かどうか
20          yaruki: 30,     オバケのやる気
21      },
```

〜〜〜〜〜〜〜〜〜〜〜〜〜〜〜〜〜〜〜〜〜〜〜〜〜〜〜〜〜〜〜〜〜〜〜〜〜〜〜

```
35  }
```

コードの追加が完了したら、ブラウザでindex.htmlを開き、表示を確認してみましょう。左向きのオバケとターゲットのスイカ、敵キャラのカニが表示されていればOKです。

176

図 **6-1-3**　キャラクターが表示される

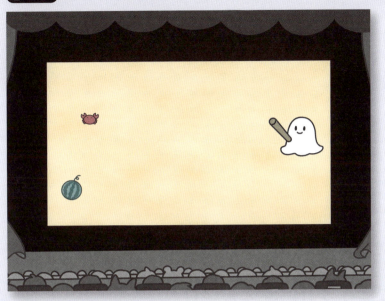

 ## SVGって何？

　SVG はタグを組み合わせて図形を組み立てる画像形式です。通常の画像データと違い、**テキストで画像を表現します**。このように <svg> タグの中に描きたい図形や線や画像を定義します。

● SVG

```
1  <svg width="200" height="200" version="1.1" xmlns="http://www.w3.org/2000/svg">
2      <circle cx="100" cy="100" r="50" fill="blue" />
3      <rect x="100" y="100" width="100" height="100" fill="red" />
4  </svg>
```

　これは「x=100,y=100 の座標を中心に半径 50 の青い円を描く」「x=100,y=100 の座標に縦横 100 の赤い四角形を描く」という指定です。ブラウザで表示すると次のようになります。

● ブラウザでの表示

他の画像形式である jpeg や png がドットの集合体であるのに対し、SVG は線や図形の集合でできています。そのため純粋に図形だけで構築された**SVG はいくら拡大しても画像の粗が目立たない**という特徴があります。また SVG はタグで作られているので、JavaScript でパラメータを調節すればちょっとしたアニメーションも追加することができます。

● 画像形式の使い分け

画像形式	概要
image	一番ポピュラーな画像形式
canvas	JavaScriptの処理によって画像を描画する画像形式
SVG	シンプルな図形に向いた画像形式。拡大しても粗が目立たない

6-1-3 キャラクターに動作を付けよう

キャラクターを表示することができました。SVG の凄いところは、構成するタグの一部に対しても CSS で装飾を加えることができる点です。CSS のアニメーション機能を使って、オバケが画面上で足踏みする動きを追加してみましょう。

main.css では .play #obake に対して、次のようなスタイルが適用されています。これは **buru** というアニメーションを 0.3 秒間隔で繰り返し適用するというものです。

Code **6-1-6** main.css

```
31  .play #obake {
32      animation: buru .3s infinite;
33  }
```

それでは、具体的な動きを指定するためのコードを追加しましょう。main.css の **@keyframes buru** の部分にアニメーションのコードを加えます。

178

Code **6-1-7** main.css

```
47  /* 上下に振動させる */
48  @keyframes buru {
49      /* 振動 */
50      0% {
51          transform: translate(0px, 0px)
52      }
53
54      25% {
55          transform: translate(0px, 1px)
56      }
57
58      50% {
59          transform: translate(0px, 1px)
60      }
61
62      75% {
63          transform: translate(0px, 0px)
64      }
65
66      100% {
67          transform: translate(0px, 0px)
68      }
69  }
```

追加

　ブラウザで実際の動きを確認してみましょう。オバケやカニがまるで足踏みしているかのように振動していれば正しく動作しています。

SECTION 6-2 キャラクターを動かそう

次は、キャラクターを画面のフィールド上で上下左右に動かせるようにしてみましょう。完成形ではキャラクターを音声によって操作しますが、まずはキー入力で操作ができるようにします。

6-2-1 キーボードから入力を受け取ろう

キーボードの上下左右キーでキャラクターを方向転換し、スペースキーを押したときに棒を振り下ろすようにしましょう。このゲームで利用するキーは「↑」「↓」「←」「→」「スペース」の5種類です。

setup.js でキー入力を受け取り、どのキーが押されたかの情報を **actionQueue** という配列に格納します。例えばキーボードの左矢印が押された場合、actionQueue には「Left」という文字列が格納されます。スペースキーが押されたときは特別に「Attack」という文字列を入れます。

Code 6-2-1 setup.js

```
12  // キーボード入力をセットアップする
13  function keySetup() {
14      document.addEventListener("keydown", (event) => {
15          if (event.key === "ArrowUp" || event.key === "ArrowDown" || event↵
    .key === "ArrowLeft" || event.key === "ArrowRight") {
16              actionQueue.push(event.key.replace("Arrow", ""));
17          }
18          if (event.key === " ") {
19              actionQueue.push("Attack");
20          }
21      });
22  }
```

追加

アロー関数

第4章までのコードでは addEventListener に関数を渡していました。しかし、先ほどのコードでは、以下のように (event)=>{ ～ } を渡しています。

●アロー関数

```
1  document.addEventListener("keydown", (イベント変数) => {
2      処理
3  });
```

これは**アロー関数**というプログラムの書き方で、関数とほぼ同じ機能を持ちます。本書で扱う範囲では違いを意識する場面はないので、関数を短く書ける省略記法として利用できます。気になる人は公式のドキュメントで確認してみましょう。

 https://developer.mozilla.org/ja/docs/Web/JavaScript/Reference/Functions/Arrow_functions

6-2-2 オバケの状態を更新しよう

オバケは進行方向へ勝手に歩いていき、スペースキーが押されている間は一心不乱に棒を振りかざします。オバケがどの方向を向いているのか、そして攻撃している状態かどうかを、キー入力に応じて更新するようにしましょう。

今度は update.js の update 関数を変更していきます。先ほどの actionQueue は、ゲームループの最初に取り出され、update 関数の action という引数にセットされます。これを利用してオバケの状態を変更してみましょう。action に「Attack」が入っているとき（スペースキーが押されたとき）は、obake の atack プロパティを true にして攻撃モーションに変更します。

そして「Up」「Down」「Left」「Right」、つまり矢印キーが押されたときは obake の direction プロパティに方角を格納します。

図 6-2-1　キーに応じてオバケの状態を変更する

次のようにコードを修正しましょう。

Code 6-2-2　update.js

```
1   // ゲームの状態を更新して返す
2   function update(nowState, action) {
3       const nextState = structuredClone(nowState);
4       if (nextState.gameMode === "play") {
5           // アクションに応じておばけの状態を更新
6           if (action === "Attack") {
7               nextState.obake.atack = true; // おばけの攻撃
8           } else if (action === "Up" || action === "Down" || action === "Left" || action === "Right") {
9               nextState.obake.direction = action; // おばけの方向転換
10          }
11
12          // 何らかの声援を受けたらおばけのやる気を回復
13          if (action) {
14              nextState.obake.yaruki = 90;
15          }
```

追加（6〜10行目）

さらに update 関数に、2 つの処理を追加します。1 つは現在の座標と進行方向を walk 関数に渡して移動後のオバケの座標を受け取る処理です。もう 1 つはオバケを気まぐれに方向転換する処理です。このオバケはプレイヤーの指示を受けて動きますが、気まぐれな性格なので**時間経過で少しずつやる気を失っていき、完全にやる気を失うとランダムな方向に方向転換してしまう**のです。

図 6-2-2　オバケのやる気

Code 6-2-3　update.js

```
1  // ゲームの状態を更新して返す
2  function update(nowState, action) {
3      const nextState = structuredClone(nowState);
4      if (nextState.gameMode === "play") {
```

〜〜〜〜〜〜〜〜〜〜〜〜〜〜〜〜〜〜〜〜〜〜〜〜〜〜〜〜〜

```
12          // 何らかの声援を受けたらおばけのやる気を回復
13          if (action) {
14              nextState.obake.yaruki = 90;
15          }
16
17          // おばけのやる気は時間で減る
18          nextState.obake.yaruki = Math.max(nextState.obake.yaruki - 1, 0);
19
20          // やる気がなくなったら気まぐれに方向転換
21          if (nextState.obake.yaruki === 0) {
22              nextState.obake.atack = false;
23              nextState.obake.direction = ["Up", "Down", "Left", "Right"]
   [Math.floor(Math.random() * 4)];
24              nextState.obake.yaruki = 45;
25          }
26
27          // おばけの移動
28          nextState.obake.point = walk(nextState.obake.point, nextState.obake.
   direction);
29
30          // カニは時間で気まぐれに方向転換
```

Code 14行目 オバケのやる気を回復

ユーザーがオバケに指示を与えるたびにオバケのやる気を 90 に回復させます。

Code 18行目 オバケのやる気を減らす

オバケのやる気は 1 ずつ減っていきます。マイナスにならないように **Math.max** を使って 0 以下にならないようにします。

Code 24行目 オバケのやる気がなくなった場合の処理

オバケのやる気がなくなったらランダムに方向転換させ、やる気を 45 に回復させます。

walk 関数の中身も実装しましょう。上下左右の向きに対して 1 ピクセル移動します。ただし、画面の外に出てしまわないように最大値（または最小値）を設定しています。

Code 6-2-4 update.js

```
42  // 歩く
43  function walk(point, direction) {
44      let { x, y } = point;
45      const [top, left, bottom, right] = [190, 270, 540, 970];
46      switch (direction) {
47          case "Up":
48              y = Math.max(top, y - 1);
49              break;
50          case "Down":
51              y = Math.min(bottom, y + 1);
52              break;
53          case "Left":
54              x = Math.max(left, x - 1);
55              break;
56          case "Right":
57              x = Math.min(right, x + 1);
58              break;
59      }
60      return { x, y };
61  }
```

追加

それでは index.html を開いて画面を確認しましょう。上下左右キーを押すとその方向にオバケが方向転換し、放置するとオバケが勝手に方向転換すれば正しく動作しています。

図 6-2-3　キー操作に合わせて移動する

6-2-3　振り下ろすモーションを追加しよう

続いて、render.js の renderObake 関数を修正してオバケが棒を振る動きを作りましょう。「棒を頭の上に掲げる画像」と「棒を振り下ろす画像」の二種類を交互に繰り返すことで棒を必死に振りかざすオバケを表現します。

図 6-2-4　2種類のオバケの画像

renderObake 関数では、ループを 1 回繰り返すごとにカウントアップする **counter** という変数を受け取っています。obake.atack が true の間は、この counter を 2 で割った余りが 0 か 1 かを交互に表示して棒を振り下ろすオバケを表現します。

Code 6-2-5 render.js

```
10  // おばけを描画する
11  function renderObake(obake, gameMode, counter) {
12      const obakeElement = document.querySelector("#obake");
13      const x = obake.point.x - 300 / 2;
14      const y = obake.point.y - 300 / 2;
15      obakeElement.setAttribute("x", x);
16      obakeElement.setAttribute("y", y);
17
18      if (obake.atack && counter % 2 === 0) {
19          obakeElement.setAttribute("href", "./images/Obake" + obake
    .direction + "2.png");
20      } else {
21          obakeElement.setAttribute("href", "./images/Obake" + obake.direction +
    "1.png");
22      }
23  }
```

18〜19, 22: 追加
21: インデントを追加

それでは index.html を開いて動作を確認しましょう。スペースキーを長押しすることで攻撃できます。

図 6-2-5 スペースキーで棒を降り下ろす

なんだかゲームらしくなってきた！

SECTION

6-3 | 声で操作しよう

いよいよ、このアプリケーションの肝となる、音声による操作を行うための処理に取り掛かりましょう。

6-3-1 音声認識でオバケを動かそう

それではさっそく、音声認識の機能に関するコードを書いていきます。PCのマイクに向かって「右」「左」「上」「下」と話したらオバケが方向転換し、「今だ！」と叫んだタイミングでオバケが棒を振り下ろすようにしましょう。

setup.js の **voiceSetup** 関数の中身を追加してください。

Code **6-3-1** setup.js

```
7   // 音声認識をセットアップする
8   function voiceSetup() {
9       SpeechRecognition = webkitSpeechRecognition || SpeechRecognition;
10      const recognition = new SpeechRecognition();
11      recognition.lang = "ja-JP";
12      recognition.continuous = true;
13      // 声を受け取ったときの処理
14      recognition.onresult = (event) => {
15          const message = event.results[event.results.length - 1][0].transcript;
16          const keyword = getKeyWord(message);
17          commentQueue.push(message);
18          if (keyword === "Left" || keyword === "Right" || keyword === "Up" ⏎
    || keyword === "Down" || keyword === "Attack") {
19              actionQueue.push(keyword);
20          } else {
21              actionQueue.push("comment");
22          }
23      }
24      recognition.start();
25  }
```

追加

187

| Code | 14行目 | **イベントの登録** |

WebSpeech API という機能を利用して、マイクが音声を認識した際に **onresult** イベントで処理を実行するように登録します。

| Code | 17行目 | **コメントの取得** |

声を受け取ったら **commentQueue** に文章をそのまま追加します。

| Code | 18〜22行目 | **指示をチェック** |

ユーザーが発声した文章の中に「右」や「左」といった単語があるかどうかを **getKeyWord** 関数で判定し、入っていたら **actionQueue** にアクションを追加します。

commentQueue はコメントを画面に表示するための配列で、actionQueue はオバケに指示を与えるためのものです。actionQueue はキーボード入力でも使っているので、処理をそのまま流用できます。

この音声認識機能ですが、ちょっと制限があります。**黙っているとプライバシー保護のために音声認識が勝手にオフになってしまう**のです。オフになったら再度認識開始を試みる処理を書きましょう。

| Code | 6-3-2 | setup.js |

```
7    // 音声認識をセットアップする
8    function voiceSetup() {
```
〜〜〜〜〜〜〜〜〜〜〜〜〜〜〜〜〜〜〜〜〜〜〜〜〜〜〜〜〜〜〜
```
21            actionQueue.push("comment");
22        }
23    }
24    // 黙っていると勝手に終了するので再度起動する
25    recognition.onerror = (e) => {
26        if (e.error === "no-speech") {
27            voiceSetup();
28        }
29    }
30    recognition.start();
31 }
```

追加 (lines 24〜29)

setup.js の **getKeyWord** 関数も中身を追加します。これは受け取った文章に特定の単語が含まれていたら抽出して「Left」や「Right」や「Attack」などのオバケのアクションに対応したキーワードに変換する関数です。

188

Code 6-3-3 setup.js

```
45  // 文章からキーワードを取得する
46  function getKeyWord(message) {
47      const left_words = [" 左 ", " ひだり "];
48      const right_words = [" 右 ", " みぎ "];
49      const up_words = [" 上 ", " うえ "];
50      const down_words = [" 下 ", " した "];
51      const attack_words = [" 今 ", " いま ", " 打て ", " うて ", " 撃て ", " 打って ",
    " 撃って ", " うって "];
52      if (includesVoice(left_words, message)) {
53          return "Left";
54      } else if (includesVoice(right_words, message)) {
55          return "Right";
56      } else if (includesVoice(up_words, message)) {
57          return "Up";
58      } else if (includesVoice(down_words, message)) {
59          return "Down";
60      } else if (includesVoice(attack_words, message)) {
61          return "Attack";
62      }
63      return "";
64  }
```

追加

さらに、先ほどの getKeyWord 関数の中で呼び出されていた、文中に特定の単語が入っていないかチェックする **includesVoice** 関数も中身を追加します。この関数では、調べたい文章と単語の配列を受け取って、一致するものがないかループして調べます。

Code 6-3-4 setup.js

```
66  // 文章にキーワードが含まれているかどうか
67  function includesVoice(words, message) {
68      for (let i = 0; i < words.length; i++) {
69          if (message.includes(words[i])) {
70              return true;
71          }
72      }
73      return false;
74  }
```

追加

それではブラウザで動作を確認してみましょう。index.html を再読み込みすると、次のようなダイアログが表示されるので、**「許可する」**をクリックします。

189

図 6-3-1 URLの下に表示される確認ダイアログ

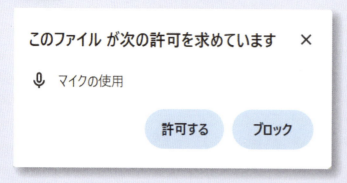

すると、音声認識が始まり、タブに録音中を示す赤い丸が表示されます。

図 6-3-2 音声認識中を示すランプ

画面に向かって「右！」「左！」と叫びましょう。うまく認識されればその方向にオバケが方向転換するはずです。

6-3-2 みんなの声援で会場を沸かそう

音声認識が可能になりましたが、このままでは音声認識がオンなのかオフなのかわかりづらいです。**音声認識開始と音声認識終了のタイミングでデザインが変わるようにしましょう。**声を認識し始めたら **onaudiostart** イベントが、発声が途絶えたら **onend** イベントが起こります。そのタイミングで closed クラスを付けたり外したりすることで、客席のペンライトの表示・非表示を切り替えましょう。

Code 6-3-5 setup.js

```
24      // 黙っていると勝手に終了するので再度起動する
25      recognition.onerror = (e) => {
26          if (e.error === "no-speech") {
27              voiceSetup();
28          }
29      }
30      // 音声認識の状態にあわせて観客の熱気を切り替える
31      recognition.onend = () => {
32          document.querySelector("#theater").classList.add("closed");
33          document.querySelector("#audience").classList.add("closed");
34      }
```

追加 (31〜34行目)

```
35        recognition.onaudiostart = () => {
36            document.querySelector("#theater").classList.remove("closed");
37            document.querySelector("#audience").classList.remove("closed");
38        }
39        recognition.start();
40    }
```

図 6-3-3 ペンライトの表示

6-3-3 コメントを可視化しよう

プレイヤーが発した声を画面に表示するようにしましょう。ここで表示するのは「Left」や「Right」のような変換されたコマンドではなく、「もっと右！」「そうじゃない左！」といったプレイヤーがマイクに向かって発したありのままのコメントです。

コメントは render.js の **renderComment** 関数で画面に表示します。次のようにコードを修正しましょう。

Code **6-3-6** render.js

```javascript
55  // 画面に声援を表示する
56  function renderComment(comment) {
57      if (comment) {
58          const COLORS = ["violet", "pink", "gold", "greenyellow", "lightskyblue"];
59          const color = COLORS[Math.floor(Math.random() * COLORS.length)];;
60          const x = 300 + Math.random() * 640;
61          const y = 650 + Math.random() * 150;
62
63          // 画面にコメントを表示する
64          const text = createText(comment, x, y);
65          const comments = document.querySelector("#comments");        追加
66          comments.appendChild(text);
67
68          // 画面に吹き出しを表示する
69          const balloons = document.querySelector("#balloons");
70          const balloon = createBalloon(text, color);                  追加
71          balloons.appendChild(balloon);
72
73          // 3秒後に消す
74          setTimeout(() => {
75              text.remove();
76              balloon.remove();                                        追加
77          }, 3000);
78
79          console.log(comment);
80      }
81  }
```

Code 64〜66行目 **テキストの表示**

ここでは **createText** メソッドを呼び出してテキストを **id=comments** の要素の中に追加しています。createText メソッドについては後で解説します。

Code 69〜71行目 **吹き出しの表示**

そして **createBalloon** メソッドを呼び出してテキストを載せる吹き出しを **id=balloons** の要素の中に追加しています。createBalloon メソッドについては後で解説します。

Code 74～77行目 **テキストと吹き出しを削除する**

コメントは3秒程度表示し、その後消します。

● テキストの表示

createText メソッドの中身について、確認をしておきましょう。このメソッドは吹き出しの文字部分の表示を担当しています。

Code **6-3-7** render.js

```
83  // SVG のテキスト要素を作成する
84  function createText(comment, x, y) {
85      const text = document.createElementNS("http://www.w3.org/2000/svg", "text");
86      text.setAttribute("x", `${x}px`);
87      text.setAttribute("y", `${y}px`);
88      text.setAttribute("font-size", "20px");
89      text.setAttribute("class", "comment");
90      text.textContent = comment;
91      return text;
92  }
```

Code 85行目 **SVGテキストの作成**

JavaScript を使って SVG 画像の部品を作るには、**createElementNS** を使います。ここでは SVG の text 要素を作っています。

Code 86～87行目 **座標の指定**

テキストを表示する場所を指定しています。

Code 88行目 **フォントサイズの指定**

文字の大きさを指定しています。

Code 89行目 **クラスの指定**

SVG の部品にクラスを指定することで、CSS を適用することができます。main.css には、comment クラスにオバケの足踏みと同じ振動アニメーションが定義してあります。

193

| *Code* | 90行目 | **表示する文字の指定** |

吹き出しに表示したい文字を指定しています。

吹き出しの表示

吹き出しの形の図形を描画する createBalloon メソッドの中身も確認しておきましょう。

| *Code* | **6-3-8** | render.js |

```javascript
94  // SVG の吹き出しを作成する
95  function createBalloon(text, color) {
96      const box = text.getBBox();
97      const width = box.width + 40;
98      const height = box.height + 20;
99      const x = box.x - 20;
100     const y = box.y - 10;
101     const g = document.createElementNS("http://www.w3.org/2000/svg", "g");
102     const rect = document.createElementNS("http://www.w3.org/2000/svg", "rect");
103     const tongari = document.createElementNS("http://www.w3.org/2000/svg", "path");
104     // 四角の部分
105     rect.setAttribute("x", `${x}px`);
106     rect.setAttribute("y", `${y}px`);
107     rect.setAttribute("height", `${height}px`)
108     rect.setAttribute("width", `${width}px`);
109     rect.setAttribute("rx", "10px");
110     rect.setAttribute("ry", "10px");
111     rect.setAttribute("fill", color);
112     rect.setAttribute("class", "comment");
113     // とんがり部分
114     tongari.setAttribute("d", `M ${x + width / 2} ${y + height + 20} L ${x + width / ↵
    2 - 10} ${y + height} L ${x + width / 2 + 10} ${y + height} z`);
115     tongari.setAttribute("fill", color);
116     tongari.setAttribute("class", "comment");
117     g.appendChild(rect);
118     g.appendChild(tongari);
119     return g;
120  }
```

Code 101〜103行目　角丸四角形とトンガリ形を作る

吹き出しは角が丸い四角形と三角形を逆向きにしたトンガリ形の2つを組み合わせて作ります。そのために、ここでは以下の3つの要素を用意しています。

- 図形の入れ物となる g（グループ）要素（画面には現れない透明の要素）
- 角丸四角形の rect 要素
- トンガリ形を描く path 要素

図 6-3-4　吹き出しを作る図形の組み合わせ

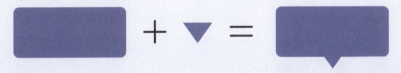

Code 114行目　逆三角形の線を引く

線を引くには SVG の **path** 要素を使います。path 要素には「d」というパラメータがあり、これにどのように線を引きたいかコマンドを指定します。ここでは3つのコマンドを使って、3点を結んだ逆三角形を作っています。

表 6-3-1　コマンドの種類

コマンド	役割
M	指定した座標に移動する。MoveToのM
L	指定した座標まで線を引く。LineToのL
z	線を閉じる。終わりのZ

それでは確認してみましょう。index.html を再読み込みし、画面に「頑張って」と声をかけます。吹き出しとともにテキストが表示されれば、正しく動作しています。

図 6-3-5　吹き出しが表示される

そもそもなんで応援上映の声がスクリーンの向こうに届いてるんだろう？

心を込めて叫べば推しへの想いは伝わるんだよ！

SECTION

6-4 | ゲームとして仕上げよう

前の節までで、声を使った操作ができるようになりました。最後に、ゲームクリアとゲームオーバーの条件を設定して、仕上げをしましょう。このゲームでは**スイカを割ったらクリア、敵であるカニに衝突したらゲームオーバー**です。

6-4-1 カニを動かそう

それではオバケと対峙する存在である、カニを動かします。このカニはオバケがスイカを割るのを阻む敵キャラです。カニが一定間隔でランダムに方向転換しながら漂うようにします。

update.js の **update** 関数に処理を追加しましょう。

Code 6-4-1 update.js

```
27        // おばけの移動
28        nextState.obake.point = walk(nextState.obake.point, nextState.obake.direction);
29
30        // カニは時間で気まぐれに方向転換
31        if (nextState.counter % 25 === 0) {
32            nextState.kani.direction = ["Up", "Down", "Left", "Right"]↵
   [Math.floor(Math.random() * 4)];
33        }
34
35        // カニの移動
36        nextState.kani.point = walk(nextState.kani.point, nextState.kani.direction);
37
38        // ゲームの状態をチェック
39
40        nextState.counter++;
41    }
42
43    return nextState;
44 }
```

追加 （31〜33行目）

追加 （36行目）

196

ブラウザで index.html を開いて、動作を確認してみましょう。カニが動いていれば、正しく動作しています。

図 6-4-1 カニが移動する

6-4-2 あたり判定を実装しよう

カニが動き出しましたが、今のままではオバケを素通りしてしまいます。また、オバケを操作してスイカを叩いても何も起こりません。**あたり判定**を追加してゲームオーバーとゲームクリアの判定をしましょう。

update.js の update 関数で **check** 関数を呼び出すようにします。check 関数はオバケがカニとあたったらゲームオーバー、オバケが振る棒がスイカにあたったらゲームクリアと判定する関数です。

Code 6-4-2 update.js

```
38        // ゲームの状態をチェック
39        nextState.gameMode = check(nextState.obake, nextState.kani, nextState.suika);
40        nextState.counter++;
41    }
42
43    return nextState;
44 }
```

追加

check 関数は **hitKani** と **hitSuika** の 2 つの関数を呼び出して判定しています。まずは hitKani を実装してカニとのあたり判定を実装します。

Code 6-4-3 update.js

```
78  // カニとのあたり判定
79  function hitKani(obake, kani) {
80      const dx = kani.point.x - obake.point.x;
81      const dy = kani.point.y - obake.point.y;
82      const distance = Math.sqrt(dx * dx + dy * dy);
83      if (distance < 60) {
84          return true;
85      } else {
86          return false;
87      }
88  }
```

80〜85: 追加
86: インデントを追加
87: 追加

　ここではカニとオバケの距離が60未満であれば、衝突したと見なしています。この処理は中学校の数学でお馴染みの三平方の定理です。

図 6-4-2 三平方の定理

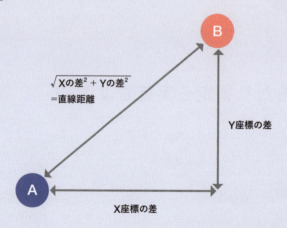

図 6-4-3 あたり判定の図

スイカのあたり判定も同じ要領で行います。ただし、オバケが棒を振っているときだけ判定する点と、オバケ本体ではなくオバケの前方 50px の位置であたり判定をしている点が異なります。

Code 6-4-4 update.js

```
90  // スイカとのあたり判定
91  function hitSuika(obake, suika) {
92      if (obake.atack) {
93          const barPoint = { x: obake.point.x, y: obake.point.y };
94          switch (obake.direction) {
95              case "Up":
96                  barPoint.y -= 50;
97                  break;
98              case "Down":
99                  barPoint.y += 50;
100                 break;
101             case "Left":
102                 barPoint.x -= 50;
103                 break;
104             case "Right":
105                 barPoint.x += 50;
106                 break;
107         }
108         const dx = suika.point.x - barPoint.x;
109         const dy = suika.point.y - barPoint.y;
110         const distance = Math.sqrt(dx * dx + dy * dy);
111         if (distance < 30) {
112             return true;
113         }
114     }
115     return false;
116 }
```

6-4-3 クリア・ゲームオーバーの演出を加えよう

それではいよいよ最後、ゲームクリアまたはゲームオーバーになった際にオバケの画像が切り替わるようにしましょう。render.js を次のように修正します。

Code 6-4-5 render.js

```
10  // おばけを描画する
11  function renderObake(obake, gameMode, counter) {
12      const obakeElement = document.querySelector("#obake");
13      const x = obake.point.x - 300 / 2;
14      const y = obake.point.y - 300 / 2;
15      obakeElement.setAttribute("x", x);
16      obakeElement.setAttribute("y", y);
17      if (gameMode === "clear") {
18          obakeElement.setAttribute("href", "./images/ObakeClear.png");
19      } else if (gameMode === "gameover") {
20          obakeElement.setAttribute("href", "./images/ObakeGameover.png");
21      } else if (obake.atack && counter % 2 === 0) {
22          obakeElement.setAttribute("href", "./images/Obake" + obake.direction + "2.png");
23      } else {
24          obakeElement.setAttribute("href", "./images/Obake" + obake.direction + "1.png");
25      }
26  }
```

17〜20: 追加
21: 先頭に } else 追加

ここまでの修正が完了すれば完成です。動作検証を兼ねて、実際にゲームで遊んでみましょう。

図 6-4-4 ゲームクリア

図 6-4-5 ゲームオーバー

INDEX

A／C

addEventListener	52
alert	6
AND 条件	128
canvas	152
canvas で線を引く	165
Console	5
console.log	18
const	10
CSS	42
CSS の構造	62

D／F／G

display	78
div	47
DOM 操作	54
for 文	23
Google Chrome	4

H／I／J

HTML	42
if ～ else 文	26
if 文	26
img	49
JavaScript	4, 42

K／L／O

kuromoji.js	119
let	10
OR 条件	128

R／S／V

return	92
script	50
setTimeout	116
SVG	177
switch 文	94
video	157
Visual Studio Code	30
Visual Studio Code のインストール	31
Visual Studio Code の日本語化	35

あ

アルゴリズム	98
アロー関数	181
イベント	52
インデント	21
エディタ（Visual Studio Code）	37
エラー	7
オブジェクト	121

か

型	14
関数	17
キー	121
計算	9
コメント	46
コンソール	5

さ

サイドバー（Visual Studio Code）	37
思考エンジン	95
スタイル	42
正規表現	131
セミコロン	21
セレクタ	55
セレクタの指定方法	65

た

タグ	44
多次元配列	83
ダジャレ	118
タブ（Visual Studio Code）	37
デベロッパーツール	5
デベロッパーツールの設定	8

な

二次元配列	83

は

配列	15
バリュー	121
光の三原色	153
引数	17
プロパティ	121
変数	10

ま

ミニマックス法	98
メソッド	121
メニューバー（Visual Studio Code）	37

ら

ライブラリ	95
ラジオボタン	102

●著者プロフィール

高岡佑輔（たかおか・ゆうすけ）
Web アプリケーションエンジニア

SIer 企業を経て現在は GMO ペパボ株式会社で Web サービスの開発に従事している。軽く遊べるゲームアプリケーションやジョークプログラムなどを作って公開するのが趣味。
GitHub：https://github.com/kurehajime

装丁・本文デザイン：坂本真一郎（クオルデザイン）
カバー・紙面イラスト：みずの紘
サンプルアプリ用イラスト（2、4、6 章のみ）：みずの紘
DTP：BUCH⁺
編集：大嶋航平

レビュー協力：
akht
mantaroh
吉武美咲
山川暁子

いきなりプログラミング
JavaScript
ジャバスクリプト

2025年1月24日 初版第1刷発行

著　　　者	高岡佑輔
発　行　人	佐々木幹夫
発　行　所	株式会社 翔泳社（https://www.shoeisha.co.jp）
印刷・製本	株式会社シナノ

©2025 Yusuke Takaoka

＊本書は著作権法上の保護を受けています。本書の一部または全部について（ソフトウェアおよびプログラムを含む）、株式会社 翔泳社から文書による許諾を得ずに、いかなる方法においても無断で複写、複製することは禁じられています。

＊本書へのお問い合わせについては、ii ページに記載の内容をお読みください。

＊造本には細心の注意を払っておりますが、万一、乱丁（ページの順序違い）や落丁（ページの抜け）がございましたら、お取り替えいたします。03-5362-3705 までご連絡ください。

ISBN 978-4-7981-8439-5
Printed in Japan